과학에서
신으로

FROM SCIENCE TO GOD

Copyright © 2002, 2003 by Peter Russell
All rights reserved.

Korean Translation Copyright © 2007 by Bookhouse Publishers Co.
Korean edition is published by arrangement with Peter Russell
through Shinwon Agency Co., Seoul.

과학에서 신으로

From Science
To God

의식의 신비 속으로 떠나는 한 물리학자의 여행

피터 러셀 지음 | 김유미 옮김

차례

머리말 **9**

1장 | 과학에서 의식으로 **11**
2장 | 의식이라는 예외 **27**
3장 | 의식하는 우주 **43**
4장 | 실재에 대한 착각 **53**
5장 | 빛의 신비 **75**
6장 | 의식의 빛 **91**
7장 | 신으로서의 의식 **113**
8장 | 과학과 영혼의 만남 **133**
9장 | 위대한 깨달음 **151**

옮긴이의 말 **165**
찾아보기 **169**

미래 문명은 역사의 가장 강력한 두 가지 힘,
즉 과학과 종교가 서로 관계를 유지하는 방식에 달려 있다.
— 앨프리드 노스 화이트헤드

:: 머리말

  1996년 봄이었다. 나는 캘리포니아 레드우드국립공원에서 열린 한 세미나에서 의식(consciousness)의 진화에 대해 토론해달라는 요청을 받았다. 그 세미나에서 마음의 본질, 최근의 신경화학적 발견 및 의식의 기원에 대한 토론을 듣고 있다보니, 가슴이 점점 답답해졌다. 나는 "이 세미나가 도리어 의식을 완전히 퇴보시켜버렸다"고 말하고 싶었다. 그러나 그 불만을 일관성 있고 조리 있게 표현할 수 없어, 입을 꼭 다문 채 앉아 있었다.
  몇 주 후 로스앤젤레스에서 샌프란시스코로 가는 비행기에서, 나는 우연히 접한 헌 책 한 권을 펼쳤다. 그 책의 저자는 새로운 것을 말해주는 게 아니라, 지각(知覺)의 과정과 우리가 실재(實在)를 구성하는 방식을 상기시켜주었다. 이마누엘 칸트의 작품에서 읽은 내용들이 생각났고, 물리학에서의 빛의 본질, 동양철학 및 명상도 떠올랐다.
  순간 그 세미나에서 내가 실망했던 이유가 분명해졌다. 우리에게는 단순히 새로운 의식이론이 필요한 게 아니라 그 이상의 것이 필요하다. 우리는 실재의 본질에 대한 우리의 근본적인 가정(assump-

tion) 일부를 검토해야 한다. 사실 그 통찰이야말로 그 세미나에서 얻으려 했던 것이었으리라. 나는 대충 메모하기 시작했고, 비행기가 착륙할 무렵 전반적인 틀이 마련되었다. 우리의 전반적인 세계관을 바꿔야 했다.

  그 후 몇 개월 동안 실재모델을 이루는 여러 가지 요소를 종합하여 논문 한 편을 쓰기 시작했는데, 거기에서는 의식이 주된 역할을 하였다. 생각했던 것보다 그 논문의 시사점이 훨씬 더 심오함을 알게 되었다. 새로운 세계관에 의해 과학이 의식을 대하는 방식이 바뀌었을 뿐만 아니라, 영성(spirituality)을 새로운 관점에서 보게 되었고 가장 놀라운 건 신에 대한 개념이 새로워졌다는 점이다.

  그때 비행기에서 얻은 영감이 지금 이 책으로 발전한 것이다. 심오한 문제를 다루는 어떤 연구에서나 마찬가지겠지만, 어차피 완벽한 답은 없는 것이고 때로는 영원히 숙제로 남을 수도 있다. 이 책은 새로운 세계관의 주요 요소와, 의식이 어떻게 과학과 영혼의 연결고리가 될 수 있는지에 대한 내 견해일 뿐이다.

  이 책은 과학에서 출발하여 신에 도달한다는 생각으로 한 여행이므로, 영적 문제에 거의 무관심했던 과학도로부터 수천 년 동안의 위대한 영적 가르침을 이제 막 이해하기 시작한 나 자신의 개인적인 여행이기도 하다.

1장
과학에서 의식으로

사람들은 산의 정상에서,
바다의 거대한 파도에서,
기나긴 강의 흐름에서,
대양의 광활한 항로에서,
별들의 움직임에서,
경이로움을 얻기 위해 여행을 한다.
그러나 정작 자신에 대해서는
아무런 경이로움 없이 지나쳐버린다.

성 아우구스티누스

나는 언제나 과학에 관심이 많았다. 10대 시절, 물리세계가 어떻게 작용하는지를 공부하는 게 재미있었다. 가령, 공기 중에서 어떻게 소리가 전달될까, 열을 가하면 왜 금속이 팽창할까, 왜 표백이 될까, 왜 산(酸)은 연소시킬까, 꽃은 개화시기를 어떻게 알까, 어떻게 색을 볼까, 렌즈는 왜 빛을 굴절시킬까, 팽이는 어떻게 균형을 유지할까, 눈송이는 왜 육각형의 별 모양일까, 하늘은 왜 파랄까 등을 공부하는 건 정말 즐거운 일이었다.

새로운 걸 발견하면 할수록 과학에 더 매료되었다. 열여섯 살 때에는 아인슈타인에 탐닉했고 역설적인 양자역학의 세계에 감탄하였다. 나는 우주탄생에 대한 이론들을 파고들었고 시간과 공간의 미스터리를 연구하였다. 알고자 하는 열정, 즉 세계를 지배하는 법칙과 원리에 대한 끊임없는 호기심으로 가득 찼다.

나는 과학의 '여왕이자 종복'으로 불리는 수학에도 관심이 있었다. 진자의 움직임이든, 원자의 진동이든, 날아가는 화살의 행로든, 모든 물리적 과정에는 기본적인 수학공식이 있다. 수학의 전제는 아주 기초적이고 분명하며 간단하지만, 그 전제로부터 가장 복잡한 현상을 지배하는 규칙이 나온다. 모든 수학방정식 중 가장 간단하고 명쾌한 하나의 동일한 기초방정식이 어떻게 빛의 전달, 바이올린 줄의 진동, 소용돌이의 감김, 행성의 궤도를 설명하는지 알았을 때의 흥분이 지금도 생생하다.

> 물질이 물질 자체를 알아가는 시점에 이르렀다······
> 〔인간은〕별을 아는 왕도이다.
> ―조지 월드

많은 사람들에게는 수가 따분할지 모르지만 나에게는 매혹적이었다. 무리수, 허수, 무한급수, 부정적분을 잘 모르지만, 질서정연한 퍼즐의 조각들처럼 모두가 딱 들어맞는 방식이 좋았다.

그중에서도 수학세계 전체가 어떻게 간단한 전제(前提)로 표현되는지가 가장 호기심을 끌었다. 그것은 마치 물질, 시간 및 공간을 초월한 예정된 보편적 진리를 기술하는 것 같았다. 수학은 어느 것에도 의지하지 않지만, 모든 건 수학에 의지하였다. 만일 그 당시 누군가 나에게 신이 있는지 물었다면, 나는 수학을 지목했을 것이다.

젊은 무신론자

젊은 시절 나는 기존의 종교를 거부하였다. 영국 국교회 교인이었지만, 종교적으로 엄격하지 않은 가정에서 자랐다. 우리 마을의 다른 가족들처럼, 우리 가족도 몇 주에 한 번꼴로 예배에 참석하였다. 죄를 짓지 않고 죄책감이 들지 않을 정도로만 교회에 다닌 것이다. 종교가 나에게 영향을 미친 건 대략 그 정도였다. 그런 종교생활을 생활의 일부로 여기긴 했지만, 그렇다고 해서 나에게 중요한 부분은 아니었다.

10대가 되어 나는 관례적인 입교식을 거쳤다. 그 절차가 이름에 걸맞았다면, 교회의 구성원으로서 신앙이 돈독했을 것이다. 그러나 나는 진리로부터 멀어질 만큼 멀어져 있었다. 확고해진 게 있었다면, 오히려 종교에 대한 회의였다.

나는 "죄 짓지 말고 이웃을 사랑하며 아픈 자를 돌보라"는 기독교의 행동모델은 수용할 수 있었지만, 일부 신조에 대해서는 마음이 내키지 않았다. 그 예로는 일요일의 집회에서 "전능하신 하느님 아버지…… 하느님의 외아들…… 동정녀 마리아에게 잉태되어 나시고…… 죽은 자들 가운데서 부활하시고……하늘에 올라 전능하신 하느님 아버지 오른편에 앉아 계시며……"와 같이 신앙고백을 하면서 의무적으로 니케아신조*를 암송한 걸 들 수 있다. 1700년 전이라

---

* 오늘날의 사도신경.

면 그런 신조를 믿었을지 모르지만, 20세기 후반의 과학도가 그런 걸 믿을 수는 없었다.

코페르니쿠스가 우주의 중심이 지구가 아니라고 제시한 지 이미 오래이고, 천문학자들은 하늘에 천국이 있다는 증거를 찾지 못했다. 다윈은 하느님이 6일 동안 지구와 모든 생명체를 창조했다는 생각을 불식시켰다. 그리고 생물학자들은 처녀의 출산이 불가능함을 증명하였다. 나는 어떤 이야기를 믿어야 하나? 니케아신조는 권위만 있을 뿐, 나의 일상적인 실재(實在)에 전혀 영향을 주지 못했다. 아니면 진리에 대해 경험적 접근을 하는 현대과학이 나에게 더 영향을 준 것일까? 열세 살 때 나의 선택은 분명하였다. 나는 기존의 종교에서 벗어나, 10대 시절 내내 내가 무신론자인지 아니면 불가지론자(不可知論者)인지에 대해 계속 논쟁하였다.

심리적 경향

그렇다고 해서 내가 완강한 물질주의자였던 것도 아니다. 그래서 자연과학으로 모든 걸 설명할 수 있다고 생각하지 않았다. 나는 10대 중반 미개발(未開發)된 인간의 마음에 관심을 갖게 되었다. 며칠 동안 흙 속에 묻혔다가 구출되거나 뾰족한 못이 있는 침대 위에 누워 있었다는 요기들의 이야기에 호기심이 생겼다. 유체이탈을 해보고, 크게 숨을 들이쉬거나 맥동하는 빛을 응시하여 변화된 의식상태를 체험해보았다. 그 당시에는 명상법을 잘 몰랐지만, 나름대로 명상법을 개발하였다. 나는 우주에 지적 존재가 있을 가능성에 매혹되었다. 우주에 1조 개의 별이 있다고 할 경우, 전 우주를 통틀어 지구에만 의식하는 생명체가 있을 것 같지는 않았다.

이 무렵 나는 처음으로 철학에 몰두하였다. 마음이 뇌와 독립적인지 아닌지에 대해 내 친구와 많은 토론을 하였다. 만일 독립적이라면, 마음과 뇌는 어떻게 상호작용하는가? 뇌에서 어떻게 마음이 유발되는가? 그런 논쟁을 하다가 지치면, 언제나 자유의지 대 결정론과 같은 주제로 나아갔다. 우리 자신의 뇌 상태를 포함한 모든 것이 물리 법칙에 의해 결정된다면, 우리가 자유의지를 느끼는 게 진실인가 아니면 착각일 뿐인가?

인간의 마음에 대한 궁금증이 컸지만, 여전히 내 최고의 관심사는 물리학과 수학이었다. 그래서 진학할 대학이나 전공할 과목을 결정할 때 내 선택은 빨랐다. 나는 케임브리지 대학에서 수학을 전공하기로 했다. 그 당시 케임브리지 대학은 영국에서 수학을 연구하기가 가장 좋았고, 현재도 마찬가지일 것이다.

천국이 올 거라는 예감

입학시험의 첫 번째 관문인 인터뷰를 하는 날, 나는 처음으로 케임브리지에 갔다.

그 도시는 문화적인 오아시스처럼 멀리서부터 평평하고 촉촉한 녹색 들판으로 펼쳐져 있었다. 도심이 가까워지면서 산뜻한 연립주택과 에드워드 시대의 건물들이 늘어선 거리를 지나자, 웅장한 대학 건물들이 나왔다. 오래된 노르만 시대의 교회, 높게 솟은 고딕 예배당, 화려하게 장식한 엘리자베스 시대의 대식당, 빅토리아 시대의 과학실험실, 유리와 금속으로 된 현대의 대형 건물 등 몇백 년에 걸친 건물들이 햇살 아래 잘 어우러져 있었다. 대학 담 안의 뜰에는 잘 손질된 잔디가 깔려 있었다. 육중한 참나무 문이 낡은 돌계단을 가리고 있었는데, 그 계단은 이름을 대면 누구나 아는 유명한 교수들의 방과 연결되어 있었다.

대학 중앙에는 마켓 스퀘어가 있었다. 재래시장이 점점 사라져가는 영국의 많은 도시들과 달리, 케임브리지의 마켓 스퀘어는 과일, 채소, 꽃, 옷, 책, 레코드, 철물점, 인형, 가구, 골동품으로 가득 찬 노점들로 붐비고 있었다. 그곳은 마음이 살아 있는 도시로, 효율성과 기능성으로 치닫는 20세기에도 영혼이 순수한 도시였다.

인터뷰할 대학을 향해 구부러진 길을 걷고 있을 때, 왠지 모르게 누군가를 만나자마자 아주 친해질 것처럼 느꼈을 때 드는 그런 느낌이 들었다. 이 색다른 학습공간에서 생활하게 될 거라는 예감이 강하게 들었다.

약 6주 후 어느 날 아침, 학교에 가려고 집을 나설 때 배달 중인 우체부 옆을 지나쳤다. 어떤 편지라고 꼬집어 말할 순 없지만, 갑자기 그가 나에게 줄 편지를 가지고 있을 거라는 생각이 들었다. 혹시 케임브리지에서 나에게 기회를 줄 편지를 그가 가지고 있지는 않을까 하는 생각이 들었다. 사실, 그런 편지를 기대할 이유는 전혀 없었다. 인터뷰는 꽤 잘했지만, 아직 입학시험도 치르지 않았기 때문이다. 그래서 한 순간의 공상을 떨쳐버리고 가던 길을 계속 갔다.

30분 후 학교에 도착했을 때, 어머니는 지금 우체부가 케임브리지에서 온 편지를 가지고 있으며, 케임브리지에 갈 기회가 주어졌다는 소식을 방금 들었다고 말씀해주셨다.

유학길에 오르다

케임브리지에서 온 편지에 명시된 대로, 9개월 후 유학길에 올랐다. 도착한 다음 날, 저명한 영문학 교수인 튜터(tutor)와 첫 만남을 가졌다. 케임브리지에서 튜터는 학문적인 가르침과 거의 무관했으며, 그런 일은 지도교수가 담당하였다. 튜터는 부모 역할을 하며 주로 학생의 복지에 관심을 가졌다.

그는 "너무 따분한 학생이 되지 마라"고 하였다. "강의도 듣고 숙제도 하게. 그러나 무엇보다도 여기에 있는 사람들을 존중하게. 자네 동료들은 일류이고 자네와 함께 생활할 대학원생들이나 학생감은 영국에서 최고인 사람들이네.

자네가 저녁을 먹으며 나누는 대화나 오후에 강가를 거닐면서 하는 대화도 강의 못지않게 중요하다네. 자네는 학위만을 받으려고 여기에 온 게 아니네. 자네는 여기에서 한 인간으로 성숙하고 자신을 발견해가야 하네."

자신을 발견하기에 그때보다 더 좋은 시기는 없었을 것이다. 그것은 60년대의 케임브리지를 말하는 것이다. 그 당시 케임브리지는 몇 백 년에 걸친 전통이 급속도로 무너지고 있었다. 케임브리지에서는 밤에 시내를 다닐 때 가운을 착용해야 한다는 규칙을 없앴다. 남학생들이 여학생들과 함께 자기 방에 있다 들켜도 퇴학시키지 않았다. 학생들이 처음으로 데모를 하여 교육에 대한 발언권을 달라고 요구하였다. 예배당에 올라가는 행위 자체가 신성모독임에도 불구하고, 대담하게 킹스칼리지 예배당 첨탑 사이에 "베트남에서의 평화"를 요구하는 현수막이 걸렸다. 새로운 걸 향한 희망과 변화의 가능성이 보였다.

평화와 사랑의 기운이 감돌았다. 아프간 코트를 입은 히피들이 턱시도를 입은 학생들과 자연스럽게 교제하였다. 아무나 이용할 수 있는 백색 자전거[*]가 등장하였다. 과외로 카를 마르크스, 앨런 와츠, 마셜 매클루언의 책들을 읽어야 했다. 비틀스의 〈서전트 페퍼 Sergeant Pepper〉가 대학 뜰 안에 울려 퍼지고 모두가 편안히 앉아 그 공연을 즐겼다.

---

[*] 시민들에게 환경친화적인 운송수단을 제공하려는 프로젝트의 일환으로 등장한 자전거를 말함.

전환점

나는 내가 꿈꾸던 최고의 장소에서 최고의 사람들과 연구하였다. 대학 3학년 때까지 나의 지도교수는 스티븐 호킹이었다. 그 당시 그는 루게릭병이라는 동작뉴런질환을 앓고 있었지만, 그때만 해도 지금처럼 심각하지는 않았다. 그는 지팡이를 짚고 걸었고 알아듣는 데 큰 지장이 없을 정도로 말했다.

연구 중인 그와 함께 있을 때, 그가 설명하는 내용 특히 어려운 미분방정식을 푸는 데는 반 정도만 관심을 갖고 내 시선은 주로 그의 책상에 흩어져 있는 많은 종이를 향해 있었다. 하지만 그 종이에 휘갈겨 쓴 방정식을 거의 이해할 수가 없었다. 뒤늦게야 그 종이들이 블랙홀에 대한 그의 독창적 연구의 일부였음을 알게 되었다.

때로는 팔에 경련이 일어나 종이 더미가 마룻바닥에 흘러내렸다. 그 종이들을 주워주려 했지만, 그는 언제나 내버려두라고 하였다. 그렇게 독창적인 우주연구를 하고 있는 건 대단한 위업이었다. 그런 장애가 있는 상태에서 연구를 하는 게 놀라웠다. 그를 보니 한편으로는 내가 복이 많은 듯했고, 다른 한편으로는 잔뜩 기가 죽었다.

그럼에도 불구하고 내 마음 깊숙한 곳에서는 다른 뭔가가 꿈틀거리고 있었다. 나는 수소원자에 대한 슈뢰딩거 방정식을 풀 수 있게 되었다. 슈뢰딩거 방정식은 양자역학의 기본 공식에 속한다. 전자(電子)와 같은 단일 입자에 대한 슈뢰딩거 방정식은 풀기가 쉽지만, 수소원자를 이루는 전자와 양자(陽子)와 같이 두 입자에 대한 슈뢰딩거 방정식을 풀기는 좀 어려웠다. 그러나 일단 그 답을 구하면 원자의 움직임을 예측할 수 있다. 나에게는 이런 부분이 매력적이었다. 순수한 수학으로부터 수소의 물리학과 화학을 설명해주는 함수가 나오다니!

그러나 이제는 호기심을 더 자아내는 다른 문제가 내 관심을 끌고 있다. 가령, 가장 간단한 원소인 수소가 어떻게 우리 자신과 같은 인간으로 진화되어, 우주의 무한함에 대해 사유하고 그 기능을 이해하며 수소의 수학공식을 연구할 수 있을까? 색깔도 없이 투명한 기체인 수소가 어떻게 스스로를 인식하는 체계인 인간이 될 수 있을까? 다시 말해 우주는 어떻게 의식적이게 되었을까?

> 우주에 대해 가장 이해할 수 없는 건
> 우주를 이해할 수 있다는 것이다.
> ―알베르트 아인슈타인

물리학을 아무리 연구해도, 이렇게 심오하고 근본적인 질문에 답할 수는 없었다. 나는 마음과 의식을 탐색하는 쪽으로 점점 끌려감을 느꼈고, 아무래도 수학에는 신경을 덜 쓰게 되었다.

어느 날 내 방황을 눈치 챈 튜터가 어떻게 지내느냐고 물었다. 나는 내가 선택한 진로에 대한 갈등을 자세히 설명하였다. 그가 "수학 학위를 마무리하든지, 아니면 남은 기간을 포기하고 자네가 진정 연구하고 싶은 게 뭔지를 결정하게"라고 말했을 때, 나는 깜짝 놀랐다. 선택이 얼마나 힘들지를 잘 아는 그는, "토요일 정오까지 자네 결정을 기다리겠네"라고 덧붙였다.

토요일 정오 5분 전까지 두 가지 대안을 놓고 좌절감과 시간낭비를 했다는 생각으로 고민했지만, 수학을 계속하면 소망을 이루지 못할 거라는 생각이 들었다. 결국 직관을 따라 그 해의 남은 기간을 포기하기로 했다. 오후 늦게야 짐을 싸고 친구들에게 대충 작별을 고한 후 미래가 불확실하기만 한 길을 떠났다.

양쪽 세계에 최선을 다하기

그 후 6개월간 레이저 쇼를 연출하고 밤에는 잼 공장에서 일하면서 진로를 생각하곤 했다.

처음에 나는 내가 철학을 연구할 거라고 생각하였다.

철학이라는 용어는 2500년 전 피타고라스에게서 시작되는데, 그는 피타고라스 정리로 우리들 대부분에게 잘 알려진 학자이다. 피타고라스는 오늘날의 기준에 비추어 보더라도 참 보기 드문 삶을 살았다. 그는 10대에 그리스를 떠나 이집트로 간 후, 이집트의 사원(寺院)에서 10여 년간 훈련을 받았다. 페르시아의 이집트 침공으로 바빌론에 끌려가면서 그의 진로(career)는 중단되었다. 10년 후 지혜 덕분에 그는 자유의 몸이 되었지만, 고향인 그리스로 돌아가지 않고

바빌론에서 10년을 더 지내면서 신비학교에서 수학을 연구하였다. 그 후 그는 고향에 돌아와 남부 이탈리아에 커뮤니티를 만들어 자신이 오랫동안 연구한 것을 제자들과 공유하였다.

그 당시 피타고라스는 수수께끼 같은 인물이라서, 그의 삶은 어떤 기존의 방식과도 잘 맞지 않았다. 그의 커뮤니티를 방문한 사람들이 그에게 하는 일이 뭐냐고 물으면, 그는 "나는 지혜(sophia)를 사랑하는(philo) 사람일 뿐입니다"라고 대답했다고 한다.

그 당시 케임브리지에서 철학은 지혜를 사랑하는 것과 거리가 멀었다. 주로 과거의 철학자들을 연구하였다. 아니면 생존한 철학자들이 관심을 둔 논리실증주의가 유행했는데, 나는 그 무렵 논리는 충분한 상태였다. 오히려 나에게는 의식의 본질에 관한 게 필요했는데, 케임브리지의 철학은 그와 무관하였다.

> 그 목적은 마음을 물질로 퇴화시키려는 게 아니라, 물질의 특성을 발전시켜 마음을 설명하고, 자연의 힘이 어떻게 지구의 먼지와 물로부터 마음의 존재 이유를 물을 수 있는 정신체계를 만들어냈는지 알려는 것이다.
> —나이젤 콜더

의식이라는 주제에 관심을 갖는 다른 유일한 학문분야는 실험심리학이었다. 임상심리학은 정신질환이 있는 사람들을 치료하는 데 관심을 갖는 반면, 실험심리학은 정상적인 뇌 기능에 관심이 있었다. 실험심리학에서는 학습, 기억, 지각(知覺)의 과정 및 뇌가 세계상(世界像)을 어떻게 형성하는지를 연구한다. 나는 적절한 방향을 향한 첫 단계가 실험심리학이라 판단하고, 실험심리학을 연구하기 위해 대학으로 돌아갔다.

케임브리지에서 학위의 구조는 대부분의 대학과 별 차이가 없었다. 특정 학부 내에서 학위를 주는데, 해당 학부 안에서만 전공을 결합할 수 있었다. 가령, 수학학부에 속하는 수학을 윤리학에 속하는 철학과 결합할 수 없었다. 실험심리학은 자연과학에 속했고 이론물리학도 마찬가지였다. 실험심리학과 이론물리학이 둘 다 동일 학부에 속하기 때문에, 단일 학위로 결합할 수 있었다. 게다가 이론물리학의 교육과정은 본질적으로 응용수학과 비슷하였고, 대부분의 경우 강의가 동일했으며 심지어 같은 교수가 강의를 하는 경우도 있었다. 단지 강의실과 강의제목만 다를 뿐이었다.

나는 수학과 물리학에 대한 관심을 계속 추구하면서, 의식이라는 내면세계를 탐색하게 되었다.

2장

의식이라는 예외

새로운 과학적 진리는
그 반대자들을 납득시키고
그들에게 진리를
보여주기 때문이 아니라,
그 반대자들이 결국은
사라지기 때문에 승리한다.

막스 플랑크

지난 30년간 의식의 본질을 연구해온 나는, 오늘날 현대과학으로 인해 의식이 얼마나 심각해졌는지를 깨닫게 되었다. 물질계의 구조와 기능을 설명하는 데에는 과학이 크게 성공했지만 사고, 감정, 감각, 직관, 꿈과 같은 내면세계에 이르게 되면 과학은 할 말이 거의 없다. 그리고 의식 자체에 이르게 되면, 이상하게도 과학은 침묵해버린다. 물리학, 화학, 생물학, 그 밖의 어떤 과학도 우리의 내면세계를 설명해주지 못한다. 아마 과학자들은 의식 같은 게 없다면 훨씬 더 행복할 것이다.

애리조나 대학의 철학과 교수인 데이비드 차머스는 이것을 의식의 '난제(難題)'라 불렀다. 소위 '용이한 문제'들은 뇌의 기능이나 뇌와 정신현상의 관계와 같은 문제이다. 가령, 우리가 어떻게 자극을 변별하고 범주화하며 자극에 반응하는지, 입력되는 감각자료가 어떻게 과거의 경험과 통합되는지, 우리가 어떻게 주의 집중하는지, 그리고 각성과 수면을 구분하는 건 무엇인지에 관한 것들이다.

사실, 이런 문제들이 쉽다고 말하는 건 상대적인 평가일 뿐이다. 해결책을 찾으려면 아마도 몇 년간 몰두해서 힘들게 연구해야 할 것이다. 하지만 충분한 시간과 노력만 투자하면, 결국 이런 '용이한 문제'들은 해결되기 마련이다.

진짜 난제는 의식 자체이다. 뇌의 복잡한 정보처리가 왜 내면적 경험을 유발하는가? 왜 의식하는 것만 느껴지는가? 도대체 왜 내면생활이 있을까?

나는 이제 이것이 난제가 아니라 불가능한 문제라고 생각한다. 적어도 현재의 과학적 세계관 안에서는 말이다. 우리가 의식을 설명할 수 없다는 게 기폭제가 되어, 조만간 서구 과학은 미국의 철학자 토머스 쿤이 말하는 '패러다임 전환'을 겪게 될 것이다.

패러다임

'패턴'을 의미하는 그리스어 'paradigma'에서 유래한 패러다임(paradigm)이라는 말은 널리 수용된 이론, 가치, 과학적 실제(practice)를 일컫는 말로, 어떤 특정 분야 내의 '정규 과학'이다. 패러다임은 사조(思潮) 즉 일련의 가정으로, 그런 가정하에서 특정 학문이 작용한다. 양자이론, 뉴턴역학, 카오스이론, 다윈의 진화론 및 무의식에 대한 정신분석이론이 모두 패러다임의 예이다.

세월이 흐르면 패러다임도 변화한다. 거의 2천 년 동안 플라톤의 이론이 천체의 움직임에 대한 사람들의 사고방식을 지배해왔다. 17세기 뉴턴의 운동법칙도 패러다임이 되었다. 오늘날에 와서는 아인슈타인의 상대성이론이 시간과 공간 상에서 물질의 이동을 더 정확히 설명하는 것으로 여겨지고 있다. 이와 유사한 세계관의 변화가 생물학, 화학, 지질학, 심리학을 비롯한 모든 과학에서 나타날 수 있다.

> 실재에 대한 모든 설명은 잠정적인 가설일 뿐이다.
> —부처

독창적 저서인 『과학혁명의 구조』에서 쿤은 하나의 패러다임에서 다음 패러다임으로의 이행이 완만치 않음을 제시하였다. 변화에 대한 압력은 장기적으로 주어지지만, 전환 자체는 갑자기 일어난다.

기존의 패러다임이 예외(例外)에 직면하여 어떤 관찰현상을 현재의 세계관으로 설명할 수 없을 때 패러다임 전환 과정이 시작된다. 세계가 어떻게 작용하는지에 대한 우리의 가정이 뿌리 깊기 때문에, 처음에는 예외를 무시하거나 실수로 여긴다. 쉽게 무시할 수 없을 경우에는, 기존의 패러다임에 예외를 통합하려는 시도를 해본다. 이 방법은 바로 중세의 천문학자들이 행성의 움직임을 설명하려 할 때 취했던 방식이다.

패러다임 옹호하기

천 년 이상 동안 천문학자들은 서기 140년 무렵 그리스의 철학자 프톨레마이오스가 제시한 모델을 기반으로 관찰현상을 해석해왔다. 즉 태양, 달, 행성 및 별이 지구 주변을 원 궤도로 돌고 있다는 것이었다.

그러나 이 모델에는 문제가 있었다. 별은 원 궤도를 따라 순조롭게 움직이는 것처럼 보였지만 행성은 그렇지 않았다. 행성[1]은 별 사이를 방황했고 궤도를 이탈했으며 속도도 달라졌고, 심지어 역행운동을 하기도 했다. 이런 현상은 기존의 지구중심 패러다임으로 도저히 설명할 수 없는 예외였다.

이때 천문학자들이 고안해낸 해결책은 주전원(周轉圓) 체계로, 행성이 일정한 크기의 주전원을 따라 돌고 그 원의 중심은 이심원(離心圓)이라는 더 큰 원의 궤도를 따라 일정하게 돈다는 것이었다. 행성이 주전원을 따라 움직인다면, 원운동에 대한 기존의 입장을 포기하지 않고도 행성의 이상한 움직임을 설명할 수 있었을 것이다.

그러나 더 정확한 자료가 모이면서, 간단한 주전원으로 모든 불규칙성을 설명할 수 없음이 밝혀졌다. 그래서 중세 천문학자들은 더 복잡한 주전원, 가령 원 주변을 도는 원이 있고 그 원 주변을 도는

---

[1] 행성을 뜻하는 'planet'은 '방랑자'를 의미하는 그리스어 'planeta'에서 나온 말이다.

원이 또 있을 거라고 제안하였다. 그렇게 해서도 모든 관찰현상을 설명하기 어려워지자, 그들은 주전원 체계를 훨씬 더 복잡하게 수정해갔다.

코페르니쿠스 혁명

쿤은 어떤 과감한 영혼이 기존의 세계관을 지지하는 가정에 도전하여 새로운 실재모델을 제안할 때, 패러다임 전환이 시작된다고 하였다. 그러나 새로운 모델은 기존의 세계관과 정반대일 때가 있어서 처음에는 주류사회로부터 거부당하거나 조롱당하기도 한다.

16세기 초 폴란드의 천문학자인 니콜라우스 코페르니쿠스는 완전히 다른 세계관을 제안하였다. 그는 별이 지구를 중심으로 도는 것처럼 보이는 이유는 곧 지구가 지축을 중심으로 돌기 때문이라고 하였다. 다시 말해, 천체가 움직이는 것처럼 보이는 이유는 지구의 움직임에 의한 착각일 뿐이라는 것이다.

코페르니쿠스는 지구가 멈춰 있는 것도 아니고 우주의 중심도 아니라고 주장하였다. 그는 행성이 태양을 중심으로 돈다고 가정하면, 그 당시 예외였던 행성의 움직임을 설명할 수 있을 거라고 생각했다. 이로부터 그 시대에서 가장 이단적인 결론, 즉 지구도 태양 주변을 도는 하나의 행성일 뿐이라는 결론[2]이 나오게 되었다.

태양중심 모델이 진리로 받아들여지는 세계에서 태어난 우리에게는 이게 얼마나 충격적인 제안인지 잘 와 닿지 않을 것이다. 그러나 그 당시 지구가 중심이라는 입장은 모든 사람이 생각하는 신조(信條)일 뿐만 아니라, 개인의 체험에 의해서도 확인되었다. 그들 눈에는 하늘에서 태양과 별이 움직일 뿐, 지구는 움직이지 않았다. 지구가 움직인다고 주장하는 건 말도 안 되는 일이었다.

> 모든 진리는 3단계를 거친다.
> 첫 단계에는 조롱거리가 되고,
> 그다음에는 격렬한 반대에 부딪히며,
> 마지막에는 자명(自明)한 것으로 받아들여진다.
> ―아르투르 쇼펜하우어

코페르니쿠스는 성직자였고, 자신의 이론이 상식뿐만 아니라 교회의 실재관(實在觀)과도 상치된다는 걸 알고 있었다. 그래서 그는 30년 동안이나 자기 생각을 비밀로 하고 살았다. 그러나 죽음이 가까워지자, 그는 그렇게 중요한 생각을 숨기고 싶지 않아 급기야 출판하기로 결심했다. 『천구天球의 회전에 대하여』라는 작은 책의 초

---

[2] 이 이론이 아주 새로운 건 아니었다. 기원전 270년 잘 알려지지 않은 그리스의 철학자 아리스타르코스는 지구와 다른 행성들이 태양 주변을 돈다는 견해를 피력했다. 플라톤과 프톨레마이오스의 견해 대신 그의 견해가 인정받았다면, 역사는 아주 달라졌을 것이다.

판은 그가 죽던 날 그의 손에 들어왔다.

코페르니쿠스가 억압당할 것을 두려워한 건 전혀 기우가 아니었다. 실제로 바티칸에서는 그의 책을 비난하면서 가톨릭 금서목록에 넣었고, 약 70년 동안 무시되고 잊혀졌다.

패러다임 전환의 완성

1609년, 이탈리아의 과학자인 갈릴레오 갈릴레이는 자신이 새로 발명한 망원경을 이용하여 코페르니쿠스의 주장을 뒷받침하는 확실한 증거를 발견하였다. 그는 금성의 상(相)이 달처럼 변화함을 발견하였다. 금성의 상이 때로는 반원이었다가 때로는 초승달처럼 보였는데, 그것이 곧 금성이 태양을 중심으로 돈다는 사실을 말해주었다. 마침내 그가 목성을 도는 위성들까지 발견하면서, 모든 별이 지구를 중심으로 돈다는 생각이 완전히 사라졌다.

갈릴레이가 연구결과를 출판한 후, 교황은 그를 만나 이단적인 생각을 철회하라고 압력을 가했다. 그보다 몇 년 전에 철학자인 조르다노 브루노가 코페르니쿠스의 모델을 지지했다가 바티칸에서 화형당했기 때문에, 갈릴레이는 어쩔 수 없이 교황의 요구를 수용했다.

그러나 갈릴레이는 중요한 진리를 가슴에 품고 살아야 했기 때문에 항상 불행하였다. 1632년 그는 멋지게 가다듬은 『두 가지 주요 우주체계에 관한 대화』를 출판했는데, 그 책에서 또 코페르니쿠스의 이론을 옹호하였다. 바티칸에서는 또다시 철회를 요구하였다. 갈릴레이는 지구가 태양 주변을 돈다는 견해를 '포기하고 저주하며 혐오하라고' 강요당했고, 남은 생애 동안 연금형에 처해졌다.

> 지구가 태양 주변을 돈다고 주장하는 건
> 예수가 처녀의 몸에서 태어나지 않았다고
> 주장하는 것만큼이나 잘못된 것이다.
> ―벨라르미노 추기경 (갈릴레이를 재판하던 중에)

그동안 독일의 수학자인 요하네스 케플러는 행성에 대한 수수께끼의 다른 측면을 해결하고 있었다. 케플러는 운 좋게도 정확한 천문학적 자료가 풍부한 튀코 브라헤 밑에서 연구하였다. 이들 자료에서는 행성들이 태양 주변을 돌지만 원 궤도로 도는 게 아님을 분명히 제시하였다. 케플러는 여러 해 동안 이들 자료에 대해 숙고한 후, 행성들이 타원 궤도로 돈다고 가정하면 행성의 움직임에서 나타나는 모든 불규칙성을 설명할 수 있을 거라고 생각하였다. 그러나 그는 그 이유를 잘 몰랐다.

70년 후 영국의 수학자이자 물리학자인 아이작 뉴턴이 천체 역시 지구의 물체와 동일한 법칙을 따른다는 걸 발견한 후에야 그 답이 밝혀지게 되었다. 즉, 사과를 떨어지게 하는 힘은 곧 지구를 중심으로 달의 궤도를 유지하는 힘과 동일하다. 그는 그렇게 해서 나온 운동방정식을 풀어, 케플러가 발견한 대로 궤도를 선회하는 어떤 물체든 타원으로 움직임을 증명하였다.

이 마지막 퍼즐 조각으로 혁명은 마무리되었다. 코페르니쿠스가 주요 아이디어를 제시한 후, 그 외에 몇 가지 다른 발견들이 있었다. 즉, 150년에 걸쳐 5개국의 학자들이 전념하여 지구중심 세계관을 태양중심 세계관으로 전환시킨 것이다.[3]

메타패러다임

지구중심 세계관에서 태양중심 세계관으로 바뀌는 과정은 특정 과학 분야에서 일어난 패러다임 전환의 전형적인 예이다. 그러나 쿤의 모델을 일부 과학 분야에만 제한할 필요는 없다. 한 단계 더 나아가 서양과학 전체의 세계관에 쿤의 모델이 적용될 수 있고 또 그래야 한다고 믿는다.

우리의 모든 과학적 패러다임은 물리세계가 실세계이며, 시간, 공간, 물질 및 에너지가 실재의 근본 요소라는 가정을 기반으로 한다. 그래서 우리가 물리세계의 기능만 제대로 이해하면, 우주의 모든 걸 설명할 수 있을 거라고 믿는다.

---

[3] 바티칸에서는 1992년에야 갈릴레이를 연금형에 처하고 억압한 것에 대해 공식적으로 사과하였다.

모든 과학적 패러다임은 이런 믿음을 기반으로 하고 있다. 그러므로 이런 믿음은 단순히 또 하나의 패러다임이 아니라, 패러다임을 지지하는 패러다임인 메타패러다임이다.

우리가 물질계에서 직면하는 모든 현상을 설명하는 데에는 이 메타패러다임이 아주 성공적이라서, 이 메타패러다임에 대해서는 거의 의문을 제기하지 않는다. 마음이라는 비물질적 세계에 관심을 가질 때에야 비로소 물질적 세계관이 약점을 드러내기 시작한다.

살아 있는 모든 생물체가 의식적일 거라고 예언한 서양과학은 없었다. 오히려 서양과학은 우리가 내면적 경험을 하는 이유보다는, 수소가 어떻게 다른 요소로 되는지, 수소가 어떻게 결합하여 분자와 살아 있는 단세포를 이루는지, 그리고 이런 것들이 어떻게 우리처럼 복잡한 존재로 진화하는지를 잘 설명한다.

> 과학자들은 자신의 의식과 같은 명백한 사실에
> 매일 접하고 있으면서도,
> 그것을 결코 설명하지 못하는 아이러니한 입장에 있다.
> ―크리스천 드 퀸시

본질적으로 이것은 유형의 문제이다. 가령, 소립자들이 결합하여 원자를 이루고 그 원자들이 결합하여 분자를 이룰 때, 그것들은 동일한 유형의 실체를 이루며 그런 것들은 모두 물리현상이다. 동일

현상이 단세포에도 적용된다. DNA, 단백질 및 아미노산의 기본 유형은 원자의 기본 유형과 동일하다. 헤아릴 수 없을 정도로 복잡한 인간의 뇌마저도 여전히 그 본질이 동일한 유형이다.

그러나 의식은 근본적으로 다른 유형이다. 의식은 물질로 이루어져 있지 않으며 우리는 물질에 의식이 없다고 가정한다.

우리가 의식을 설명할 수 없지만, 그럼에도 불구하고 분명한 건 우리가 의식하고 있다는 사실이다. 약 350년 전 르네 데카르트가 서양철학에 크게 기여한 건 그가 이걸 깨달았다는 점이다. 데카르트 전후의 많은 철학자들처럼 데카르트는 절대적인 진리를 추구하고 있었다. 이를 위해 데카르트는 회의(懷疑)라는 방법을 고안하였다. 그는 회의의 여지가 있는 모든 건 절대적인 진리가 될 수 없다고 주장하였다.

데카르트는 자신이 어떤 이론이나 철학에 대해서든 회의할 수 있음을 알았다. 그는 누가 말한 것이든 회의해보았다. 그는 자기 눈으로 본 세계도 회의하였다. 그는 자신의 사고와 감정에 대해서도 회의하였다. 심지어 그는 자신의 육체가 있다는 사실까지 회의해보았다. 그러나 그가 회의할 수 없었던 한 가지는 바로 자신이 회의하고 있다는 것이었다. 이로 인해 한 가지가 확실해졌는데, 그것은 바로 자신이 사고하고 있다는 것이다. 그가 사고하고 있다면, 그는 경험하는 존재여야 한다. 그래서 그는 "나는 생각한다, 고로 존재한다"고 말했다.

이것이 의식의 역설이다. 의식의 존재는 부인할 수 없지만, 그럼에도 불구하고 제대로 설명할 수 없다. 물질주의자의 메타패러다임에 따르면, 의식은 하나의 엄청난 예외이다.

메타패러다임 옹호하기

쿤이 제시한 바와 같이, 예외에 대한 첫 번째 반응은 예외를 무시하는 것이다. 이것은 대부분의 과학자들이 의식에 대해 취해온 방식으로, 거기에는 나름대로 이유가 있었다.

첫째, 의식은 물질적인 대상처럼 관찰할 수 없다. 의식은 무게를 달아볼 수도 없고 측정할 수도 없으며, 그 외의 방법으로도 확실히 파악하기 어렵다. 둘째, 과학자들은 어떤 특정 관찰자의 관점이나 마음상태와는 무관한 보편적이고 객관적인 진리에 도달하고자 했다. 그러다 보니 과학자들은 주관적인 연구를 의도적으로 회피해왔다. 셋째, 그들은 연구할 필요가 없다고 느꼈다. 의식이라는 골치 아픈 주제를 연구하지 않고도 우주의 기능을 설명할 수 있기 때문이었다.

그러나 몇몇 분야의 발달로 이제는 의식을 방치할 수 없게 되었다. 예를 들어, 양자역학에 따르면 원자수준에서 관찰행위가 관찰되고 있는 실재에 영향을 준다는 것이다. 의학에서는 개인의 마음상태가 몸의 치유능력에 의미 있는 영향을 줄 수 있다. 신경생리학자들이 뇌의 기능이나 뇌의 기능과 정신현상의 관계를 더 이해하게 되면서, 다시 주관적 경험의 본질을 논의하게 되었다.

이러저러한 발달로 이제는 점점 더 많은 과학자들과 철학자들이 의식의 생성과정에 대해 설명하려 하고 있다. 어떤 학자들은 뇌의 화학기제를 더 이해하면 답을 얻을 거라고 생각한다. 아마도 이때 의식은 신경 펩티드의 작용에 있을 것이다. 다른 사람들은 양자역학으로 설명하려 한다. 그들에 따르면, 뉴런 안에서 발견된 작은 미소관이 의식에 기여할 양자 효과를 창출할 수 있다는 것이다. 어떤 학자들은 컴퓨터이론을 연구하면서, 의식이 뇌의 복잡한 처리에서 나온다고 믿고 있다. 그런가하면 다른 학자들은 카오스이론에서 희망을 찾고 있다.
　그러나 어떤 아이디어를 따르든, 한 가지 골치 아픈 문제가 해결되지 않고 있다. 어떻게 의식과 같이 비물질적인 것이 물질과 같이 무의식적인 것에서 나올 수 있을까?
　이런 문제를 해결하기 위해 노력해온 많은 접근들이 계속 실패하면서, 그 접근들 모두 잘못된 궤도 위에 있음이 밝혀졌다. 즉, 그들 모두 의식이 시간, 공간 및 물질로 구성된 물리세계에서 나오고 그에 따라 좌우된다는 가정을 기반으로 하고 있다. 그들은 근본적으로 물질주의적 세계관 안에서 의식이라는 예외를 수용하려 하고 있다. 행성의 예외적인 움직임을 합리화하기 위해 더 많은 주전원을 계속 추가해간 중세의 천문학자들처럼, 기본적인 가정에 대해서는 결코 의문을 제기하지 않는다.
　이제 물질계로 의식을 설명하려 하기보다는 의식이 실재의 근본 요소라는 새로운 세계관을 가져야 한다고 믿는다. 이렇게 새로운 메타패러다임을 지지하는 주요 요소는 이미 다 갖추어져 있다. 어떤 새로운 발견을 더 이상 기다릴 필요가 없다. 여러 가지 기존의 지식을 모아, 새로운 실재상(實在像)을 탐색하기만 하면 된다.

3장
의식하는 우주

…… 본성은 모든 생물에서 발견되지만,
생물에만 국한된 건 아니다.
무생물이라고 해서
본성이 없는 게 아니다.

「무지의 구름」 중에서

의식이란 무엇인가? 의식을 정의하기란 참 어려운데, 그것은 의식을 다양한 의미로 사용하기 때문이다. 우리는 깨어 있는 사람은 의식을 하는 반면, 자고 있는 사람은 의식을 못 한다고 말한다. 누군가가 깨어 있으면서도 자기 생각에 몰입해서 자기 주변을 거의 의식하지 못한다고 말하기도 한다. 또 정치·사회·환경 의식이 있다는 말을 하기도 한다. 그런가 하면 인간은 의식이 있지만 다른 동물들은 의식이 없다고 말하기도 한다. 이때 의식은 사고하고 자아를 인식하는 것을 의미한다.

이 책에서 의식은 특정한 의식 상태나 사고방식을 말하는 게 아니라 의식능력을 일컫는다. 의식능력이란 경험의 본질이나 정도가 어떻든 내면적 경험을 하는 능력이다.

> 영어의 심리학 용어 하나에 해당하는
> 그리스어는 4개,
> 산스크리트어는 40개가 있다.
> —아난다 K. 쿠마라스와미

의식능력은 영화 영사기의 빛에 비유할 수 있다. 영사기는 스크린에 빛을 비추는데, 빛을 조절하여 어떤 상(像)이든 만들어낼 수 있다. 이런 상들은 우리가 경험하는 감각, 지각, 꿈, 기억, 사고, 감정과 같으며 '의식의 형태'라 부른다. 상이 전혀 없는 빛 자체는 의식능력에 해당된다.

누구나 스크린의 모든 상이 빛으로 이루어져 있음을 알지만, 빛 자체를 인식하지 못하는 게 일반적이다. 그래서 상이나 대화내용에만 끌리게 된다. 이와 마찬가지로 우리가 의식적임을 알고 있지만, 마음에 나타난 다양한 지각, 사고, 감정만을 인식하는 게 일반적이다. 의식 자체를 결코 인식하지 못한다.

의식은 모두에게 존재한다

의식능력은 인간에게만 국한된 게 아니다. 물론 우리가 인식하는 모든 것을 개가 인식하는 건 아니다. 우리 인간과 달리 개는 사고나 사유를 못 하기 때문에, 우리 인간과 동일한 정도의 자기인식은 못 하지만 그렇다고 해서 개에게 내면적 경험이 없는 건 아니다.

개를 관찰하다보면 개에게도 소리, 색깔, 냄새 및 감각으로 가득 찬 나름의 정신적 세계상이 있을 거라고 추론하게 된다. 개도 우리 인간처럼 사람과 장소를 인지하는 것 같다. 심지어 두려워할 때도 있고 흥분할 때도 있다. 잠자는 개는 꿈속에서 토끼 냄새를 맡은 것처럼 발과 발톱을 꼼지락거린다. 개가 깽깽거리거나 낑낑거리면, 우리는 개가 고통스러울 거라고 생각한다. 개가 고통을 느낀다고 생각하지 않는다면, 수술 전에 번거롭게 개를 마취할 필요도 없을 것이다.

개가 의식이 있다면 고양이, 말, 사슴, 돌고래, 고래와 같은 포유동물도 의식이 있을 것이다. 그런 동물들에게는 우리와 같은 수준의 자아인식 능력은 없지만, 그렇다고 해서 그 동물들이 내면적 경험을 하지 않는 것은 아니다. 그건 새에게도 적용되어, 개와 마찬가지로 앵무새도 의식하는 것 같다. 그리고 새들이 의식하는 존재라면 악어, 뱀, 개구리, 연어, 상어 같은 척추동물들도 그럴 거라고 생각한다. 그들의 경험이 아무리 다를지라도, 그들 모두 의식능력을 공유한다.

이와 동일한 주장이 진화계보의 하위에 있는 동물에게도 적용된다. 곤충의 신경계는 인간의 신경계처럼 복잡하지 않아서, 곤충이 세계를 풍요롭게 경험하지는 못하겠지만 나름의 내면적 경험을 한다는 것을 의심할 이유가 없다.

그렇다면 어디에 선을 그어야 할까? 우리는 의식이 존재하려면 뇌나 신경계가 필요할 거라고 가정한다. 물질적인 메타패러다임에서 보면, 이런 가정은 당연하다. 의식이 물질계의 작용에서 생기는 거라면, 그런 작용이 어디에선가 일어나야 하는데, 가장 지목되는 곳은 바로 신경계이다.

그러나 이때 물질주의자의 메타패러다임에 내재된 문제에 부딪힌다. 수천억 개의 뉴런이 있는 인간의 뇌든 백여 개의 뉴런이 있는 선충류든 문제는 동일하다. 즉, 순수한 물질의 작용에서 도대체 어떻게 의식이 일어날 수 있을까?

범심론

현대 메타패러다임의 기본적인 가정은 물질이 의식하지 못한다는 것이다. 그 대안으로 의식능력이 자연의 근본적인 특성이라는 걸 제시할 수 있다. 의식은 뉴런의 특정 배열이나 뉴런 간에 일어나는 작용 또는 그 밖의 물리적 특징에서 일어나는 게 아니다. 의식은 언제나 존재한다.

의식능력이 언제나 존재한다면, 의식과 신경계의 관계를 재고해야 한다. 신경계는 의식을 형성하는 게 아니라 의식을 확대하여 경험의 양과 질을 향상시킨다. 영화 영사기에 비유하자면, 신경계가 있다는 건 곧 영사기의 렌즈가 있는 거나 마찬가지다. 렌즈가 없어도 빛은 여전히 존재한다. 단지 상이 흐릴 뿐이다.

철학계에서 일체(一切)에 의식이 있다는 견해를 **범심론**(汎心論, panpsychism)이라 하는데, 여기에서 '범(pan)'은 모두를 의미하고 '심(psyche)'은 영혼 또는 마음을 의미한다. 유감스럽게도 여기에서 영혼과 마음이라는 말은 인간에게서 발견되는 의식의 특성이 간단한 생명체에도 있음을 연상시킨다. 이런 오해를 피하기 위해 일부 현대 철학자들은 일체가 경험한다는 **범경험론**이라는 용어를 사용하기도 한다.

이 입장을 뭐라 하든, 기본 견해는 의식이나 경험을 하는 물질에서만 내면적 경험이 일어날 수 있다는 것이다. 다시 말해, 이미 경험한 것에서만 경험이 일어날 수 있다. 그러므로 의식능력은 진화계보의 맨 하위에서도 틀림없이 나타날 것이다.[4]

우리는 식물이 자기 주변의 일조시간, 기온, 습도 및 대기중의 화학물질에 민감하다는 것을 알고 있다. 일부 단세포생물마저도 물리적인 진동, 빛, 열에 민감하다. 식물에 의식이 전혀 없다고 누가 장담할 수 있을까? 나는 식물이 인간과 같은 수준에서 지각한다거나 사고나 감정이 있다고 말하는 게 아니라, 식물의 의식능력이 희미하게나마 존재한다고 말하는 것이다. 즉, 식물도 희미하게나마 경험의 흔적이 존재한다. 식물의 경험은 우리 인간이 경험하는 양과 강도의 10억분의 1에 불과할지 모르지만, 엄연히 식물에도 경험은 존재한

---

[4] 범심론과 범경험론을 지지하고 반대하는 주장에 대해서는 크리스천 드 퀸시의 훌륭한 논문인 "Consciousness all the way down?" *Journal of Consciousness Studies* 1, no. 2 (1994): 217~229에서 망라하여 다루고 있다.

다.

 이런 관점에 따르면, 의식적인 실체와 무의식적인 실체를 구분하기가 어렵다. 아무리 작을지라도, 가령 바이러스, 분자, 원자, 심지어 소립자에서도 경험의 흔적은 존재한다.

 어떤 사람은 이 말이 곧 바위가 주변 세계를 지각하고 사고와 감정이 있으며 인간과 같은 수준의 정신생활을 누린다는 의미라고 주장하기도 한다. 이런 주장은 분명히 불합리한 제안이라서, 결코 동의할 수 없다. 양과 강도에서 박테리아의 경험은 인간이 하는 경험의 10억분의 1에 불과하고, 수정(水晶)의 경험은 10억 배 더 약할 것이다. 박테리아나 수정은 훨씬 희미한 경험만 할 뿐, 인간의 의식과 같은 특성은 없을 것이다.

의식의 진화

 의식능력이 보편적이라면, 인간이나 포유동물 또는 어느 특정 진화단계에서 의식이 나타나는 게 아니다. 진화과정에서 나타난 건 의식능력이 아니라, 의식 경험의 특성과 차원이 다양한 의식의 형태이다.

 박테리아나 조류(藻類)와 같은 초창기 생명체는 감각기관이 없어서 주변의 전반적인 특징과 변화만 탐지하였다. 그들의 경험은 아주 희미해서 어두운 스크린에 비친 흐릿한 빛과 같다. 사실 그 정도는 인간이 경험하는 복잡성이나 섬세함과는 비교도 되지 않는다.

다세포 유기체로 진화하면서 전문화된 감각이 출현하였다. 어떤 세포들은 빛을 감지하도록 전문화되는가 하면, 다른 세포들은 진동, 압력, 또는 화학 변화를 감지하도록 전문화되었다. 그런 세포들이 모여 감각기관을 이루면서 유기체가 이용할 수 있는 정보의 상세함과 특성이 향상되고 의식의 특성도 향상되었다.

이렇게 추가적인 정보를 처리하여 그 정보를 유기체의 여러 부위로 보내기 위해 신경계가 진화되었다. 정보의 흐름이 더 복잡해지면서, 중앙처리장치가 발달하여 다양한 감각양식을 하나의 세계상으로 통합하였다.

뇌가 더 복잡해지면서, 의식에 나타난 상(像)에 새로운 특징들이 추가되었다. 포유동물에서는 공포, 각성, 정서적 유대와 같이 기초 정서를 담당하는 뇌 부위인 변연계가 나타났다. 시간이 흐르면서, 포유동물의 뇌*가 훨씬 더 복잡해져 그 주변에 피질이라는 새로운 뇌가 발달하였다. 이로 인해 기억, 주의집중, 동기 및 상상력이 증가되었다.

의식에 나타난 상이 우리 경험과 관련되면서 더욱 상세하고 다양해졌다. 그러나 이 정도가 전부는 아니다. 인간에게 다른 새로운 능력인 언어가 출현한 것이다. 언어로 인해 의식이 엄청나게 진화하였다.

---

* 폴 맥린(Paul MacLean)은 인간의 뇌를 파충류의 뇌인 뇌간, 포유동물의 뇌인 변연계, 인간의 뇌인 피질로 나눈다. 그는 파충류의 뇌는 파충류에게도 존재하고 포유동물의 뇌는 포유동물에게도 존재하지만 인간의 뇌는 인간에게만 존재한다고 본다.

처음에 인간은 경험을 서로 공유하기 위해 언어를 사용하였다. 그래서 세계에 대한 인식이 감각기관을 통해 들어오는 것에만 국한되지 않고, 다른 시대에 다른 장소에서 일어난 사건도 알 수 있게 되었다. 서로의 경험을 통해 배울 수 있게 되어, 세계에 대한 공동의 지식체계가 누적되었다.

의미 있는 사실은 우리가 언어를 의도적으로 사용하기 시작했다는 것이다. 실제로 말을 하지 않아도 마음속의 말을 들음으로써 혼잣말을 할 수 있게 되었다. 우리의 의식에 완전히 새로운 차원인 언어적 사고가 추가된 것이다. 우리는 개념을 형성하고 생각을 간직하고 사건의 패턴을 이해하고 전제를 적용하며 스스로 발견한 우주를 이해할 수 있다.

이제 가장 중요한 도약이 이루어졌다. 주변세계의 본질에 대해 사유할 뿐만 아니라 사고 자체에 대해서도 사유하게 되었다. 우리가 자아인식을 하게 된 것이다. 이로 인해 완전히 새로운 발달 영역의 장이 열리게 되었다. 마음이라는 내면세계를 연구할 수 있고, 궁극적으로는 의식 자체의 본질을 이해할 수 있게 되었다.

4장
실재에 대한 착각

우리가 보는 모든 것이나
우리에게 보이는 모든 건
꿈속의 꿈일 뿐이다.

에드거 앨런 포

의식능력은 우리 모두가 공유하지만, 의식의 형태는 아주 다양하다. 의식의 형태는 우리의 개인적 실재로, 우리 각자가 알고 경험하는 실재이다. 우리는 항상 이런 개인적 실재를 물리적 실재로 오해하여, 자신이 '외부' 세계에 바로 접한다고 믿어왔다. 그러나 우리가 경험하는 색과 소리는 실제로 '외부에' 있지 않다. 그런 것들은 모두 마음의 상(像)이고, 우리가 구성한 실재상이다. 이 사실이 의식과 실재 간의 관계를 근본적으로 재고하게 해준다.

우리가 물리세계를 바로 경험하지 못한다는 생각은, 많은 철학자들의 호기심을 자아냈다. 18세기 독일 철학자인 이마누엘 칸트는 가장 주목할 만한 사람으로, 마음에 나타난 형태인 현상과 이런 지각(知覺)을 일으키는 세계인 본체(本體)를 분명히 구분하였다. 칸트는 우리가 아는 건 현상뿐이라고 주장했다. '물자체(物自體)'인 본체는 영원히 우리의 인식 범위를 넘어선다.

  100년 전 영국의 철학자인 존 로크에 따르면, 모든 지식은 외부대상이 감각기관에 영향을 미쳐 생긴 지각에 기반을 둔다. 로크는 마음이란 감각기관을 통해 들어온 상을 반영할 뿐이라고 주장하면서 지각을 수동적으로 여긴 반면, 칸트는 마음이 그 과정에 적극 참여하여 세계에 대한 우리의 경험을 계속 형성해간다고 보았다. 칸트가 생각하기에, 실재란 우리 각자가 스스로 구성하는 것이다.

> 우리는 궁극적인 것에 대해 아무것도 모르는데,
> 우리가 이 사실을 인정할 때에야
> 비로소 평형을 찾게 된다.
> ─카를 융

  칸트 이전의 학자들과 달리, 칸트는 이런 실재가 유일한 실재라고 주장하지는 않았다. 아일랜드의 신학자인 비숍 버클리의 주장에 따르면, 우리는 지각을 통해서만 안다는 것이다. 그 당시 그는 우리의 지각과 무관하게 존재하는 건 없다고 결론지었다. 그로 인해 그는 세계에서 일어난 일임에도 불구하고 아무도 지각하지 못한 일을 설명해야 하는 난처한 입장에 처하게 되었다. 그에 반해 칸트는 근본적인 실재는 존재하지만, 우리가 그것 자체를 결코 모른다고 주장하였다. 그 실재가 우리 마음에 나타난 정도만 아는 것이다.

마음의 상

놀랍게도 칸트는 현대의 과학적 지식이나 지각생리학을 모르면서도 이런 결론을 내렸다. 오늘날 우리는 뇌가 어떻게 실재상을 구성하는지를 훨씬 더 잘 알게 되었다.

내가 나무를 보면, 나무에서 반사된 빛이 내 망막에 나무의 상(像)을 만든다. 망막에 있는 감광 세포가 전자를 방출하여, 시각 신경에서 뇌의 시각피질로 전달될 전기화학적 임펄스를 촉발한다. 거기에서 그 자료가 복잡한 처리를 거쳐 모양, 패턴, 색깔, 움직임이 나타난다. 그리고 뇌는 이런 정보를 일관적인 전체로 통합하여, 외부 세계를 스스로 재구성한다. 결국 나무의 상이 의식에 나타난다. 나의 신경활동이 어떻게 의식 경험을 일으키는지가 바로 앞에서 언급한 '난제'이다. 마음의 상이 어떻게 나타나는지에 대해 잘 모르지만, 하여튼 그 과정은 일어난다. 나는 나무를 보고 있다는 걸 의식적으로 경험한다.

이와 유사한 활동이 다른 감각에서도 일어난다. 바이올린 줄의 진동이 공기 중에 압력파동을 만들어낸다. 이런 파동은 내이(內耳)의 유모세포를 자극하여, 거기에서 뇌에 전기임펄스를 보낸다. 시각에서처럼 여기에서 원자료(raw data)가 분석·통합되어 음악을 듣는다는 경험을 하게 된다.

사과 껍질에서 발산하는 화학분자가 우리 코의 수용기를 자극하여, 우리는 사과 냄새를 맡게 된다. 피부에 있는 세포들이 우리 뇌에

메시지를 보내어, 우리는 접촉, 압박, 촉감, 온기 등을 느끼게 된다.

요약하자면 우리가 보고 듣고 맛보고 접촉하고 냄새 맡는 모든 것, 즉 지각하는 모든 건 감각자료를 재구성한 것이다. 내가 내 주변세계를 지각하고 있다고 생각하지만, 인식하는 건 바로 내 마음에 나타난 색깔, 모양, 소리, 냄새일 뿐이다.

> 모든 사람의 세계상은 자기 마음의 구성물이고 언제나 그렇기 때문에, 어떤 다른 존재가 있음을 입증할 수 없다.
> —에어빈 슈뢰딩거

세계에 대한 우리의 지각이 '외부에' 존재하는 것처럼 보이지만, 우리 '외부에' 존재하지 않는 건 우리가 꾸는 꿈이나 마찬가지다. 꿈속에서 우리는 주변에서 일어나는 시각이나 청각을 비롯한 여러 감각을 느낀다. 뿐만 아니라 우리는 자기 몸을 인식한다. 그리고 생각하며 사유한다. 심지어 두려움, 분노, 쾌락 및 사랑도 느낀다. 그런가하면 자신과 말하고 상호작용하는 또 다른 자신을 경험하기도 한다. 마치 꿈은 우리 '외부' 세계에서 일어나는 것 같다. 그러다 꿈에서 깨어날 때에야 비로소 그게 마음의 산물인 꿈에 지나지 않음을 알게 된다.

우리가 "그건 꿈일 뿐이야"라고 말할 때, 경험이 물리적 실재에 기반을 둔 게 아님을 말하고 있는 것이다. 꿈은 기억, 희망, 두려움 등과 같은 요소로부터 만들어진다. 생시(生時)에 우리의 세계상은 물리적 환경에서 얻은 감각 정보를 기반으로 한다. 이러한 까닭에 우리가 생시에 하는 경험은 꿈에서와는 달리 일관성과 현실감이 있다. 그러나 사실인즉 우리가 깨어 있을 때의 실재 역시 꿈과 마찬가지로 마음의 산물이다.[5]

> 나는 내가 보는 모든 것에……
> 그것이 나에게 갖는 모든 의미를 부여했다.
> ―'기적수업'

실재가 마음의 산물이라는 생각은 상식과 정반대인 것 같다. 지금 당장 당신은 앞에 보고 있는 책, 주변의 여러 가지 물체, 자기 몸의 감각, 들려오는 소리를 인식하고 있다. 그 모든 게 실재의 재구성임을 알고 있을지라도, 여전히 물리세계를 바로 지각하는 것처럼 보인다. 그렇다고 해서 당신이 그것을 달리 보려고 해야 한다는 건 아니다. 여기에서 중요한 건, 경험이란 마음이 만들어낸 실재상일 뿐임을 아는 것이다.[6]

---

[5] 이 말은 우리가 물리적 실재를 만들어낸다는 게 아니다. 어떤 학자들은 우리의 사고나 태도가 물리세계의 상태에 바로 영향을 줄 수 있다고 생각한다. 이것이 가능한지 아닌지는 아직 미해결된 문제이다. 여기에서는 우리 개인이 실재에 대한 경험을 만들어낸다고 말하는 것뿐이다.

실재의 결함

일반적으로 우리가 세계를 바로 지각한다는 느낌이 드는 건 그럴 만하다. 그러나 우리가 실재를 구성할 때 오류가 나타나기도 한다. 착시가 좋은 예이다. 뇌가 감각자료를 잘못 해석하여 실재상을 왜곡하거나 일관성 없이 구성하기 때문에 착시가 일어난다.

다음 그림에서 간단한 예를 볼 수 있다. 입체인 이 그림은 우리 모두가 많이 봐온 것인데, 위에서 본 모습일까, 아니면 아래에서 본 모습일까?

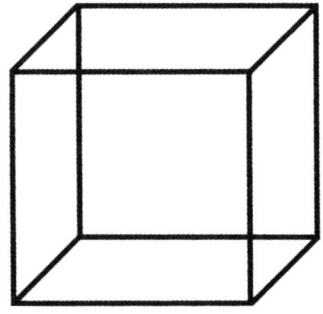

사람들은 대부분 처음에 '위에서' 본 모습이라고 말하는데, 그 이유는 테이블, 박스, TV, 컴퓨터를 볼 때처럼 우리가 직사각형 모서

---

6) 여기에서 상이라는 말은 시각상만이 아니라 그 이상을 의미한다. 가령, 우리가 듣는 소리는 청각상이다. 우리 몸에 대한 감각은 신체상이다. 마찬가지로 맛과 냄새도 마음에 나름대로 상을 만들어낸다.

리를 위에서 보는 데 익숙하기 때문일 것이다. 우리가 그런 물체들을 아래에서 보는 경우는 거의 없다. 그러나 우리가 도형의 상단(上端)에 관심을 갖고 그 도형을 마음의 눈으로 보면, 다른 위치에서 본 입체로 바꿀 수 있다.

사실, 이 그림에서 호기심을 자아내는 측면은 두 가지 방식으로 볼 수 있다는 게 아니라, 어떻게 보든 3차원 입체로 본다는 것이다. 즉, 실제로는 평면의 종이에 그려진 12개의 선을 보고 있음에도 불구하고, 입체적인 대상으로 지각한다. 입체감이 아주 실감나 보이지만, 사실은 당신의 뇌가 부여한 해석일 뿐이다.

세계에 대한 잘못된 믿음, 마야

실재에는 두 가지가 있는데, 그것은 바로 '외부에서' 우리 감각을 자극하는 물리적 실재와 우리 각자가 경험하여 마음으로 재구성한 개인적 실재이다. 그리고 이들 둘 다 진짜 실재이다.

어떤 사람들은 우리의 주관적 실재가 착각이라고 주장하지만, 그것은 오해이다. 그것은 모두 마음의 산물이지만, 그럼에도 불구하고 실재이며, 어떻게 보면 우리가 지금까지 알고 있었던 유일한 실재이다.

우리가 경험하는 실재와 물자체인 물리적 실재를 혼동할 때 착각이 일어난다. 고대 인도의 베단타 철학자들은 이러한 혼동을 마야

(maya)라 했다. 마야를 세계에 대한 잘못된 지각인 착각으로 번역하기도 하는데, 세계에 대한 잘못된 믿음인 '환영(幻影)'으로 해석하는 게 더 적절하다. 우리가 우리 마음의 상을 외부 세계라고 생각할 때 환영이 일어난다. 우리가 본 나무를 나무 자체라고 생각할 때 우리는 오해하고 있는 것이다.

> 만물은 보이는 대로도 아니고, 그 반대도 아니다.
> ─『능가경』

우리가 물리적 실재와 바로 상호작용한다는 가정(assumption)은 우리가 컴퓨터 모니터의 상(像)에 반응하는 방식과 아주 유사하다. 컴퓨터 마우스의 움직임이 모니터의 커서를 움직이는 것처럼 보인다. 사실인즉 마우스가 일련의 자료를 중앙처리장치에 보내면, 중앙처리장치는 커서가 갈 새로운 위치를 계산하여 모니터의 상이 바뀌는 것이다. 초창기 컴퓨터에서는 명령을 내리고 모니터에 결과가 나타날 때까지 상당히 오랜 시간이 걸렸다. 오늘날의 컴퓨터는 아주 빨라서 1초도 안 되어 모니터의 상을 바꿀 수 있고 시각적으로 마우스의 움직임과 모니터의 커서 사이에 지연이 나타나지 않는다. 우리는 모니터에서 바로 커서가 움직이는 것을 본다.

일상생활에 대한 우리의 경험도 마찬가지다. 우리가 돌을 차면,

발을 움직이려는 의도가 몸에 전달되고 물리세계에 있는 우리의 발이 물리적인 돌을 차려고 움직인다. 그러나 우리가 그런 상호작용을 바로 경험하는 게 아니다. 우리 뇌는 눈과 몸이 보낸 정보를 받아서, 우리의 실재상을 적절히 구성한다. 컴퓨터에서처럼, 물리세계와 그 사건을 경험하는 것 간에 약간의 지연이 나타날 수 있다. 뇌가 감각 정보를 처리하여 그에 상응하는 실재상을 구성하는 데에는 약 5분의 1초가 걸린다. 실재에 대한 우리의 인식은 물리적 실재보다 약 5분의 1초 늦지만, 우리는 그 지연을 결코 알아차리지 못한다. 그 이유는 뇌가 영리하게도 그 지연을 보상하여 우리가 물리세계와 바로 상호작용하고 있다고 느끼게 해주기 때문이다.

알 수 없는 실재

우리가 지금까지 알고 있는 게 우리 마음에 나타난 감각상(感覺像)에 불과하다면, 우리의 지각을 지지하는 물리적 실재가 존재한다고 어떻게 확신할 수 있을까? 그것은 가정에 불과하지 않을까? 내 답은 "그렇다"는 것이다. 그것은 가정일 뿐이다. 그럼에도 불구하고 그 가정은 그럴듯해 보인다. 그렇게 가정하는 이유는 다음과 같다.

첫째, 우리 경험에는 분명한 제약이 있다. 가령, 우리는 벽을 통과해 걸을 수 없다. 우리가 그렇게 하려 한다면, 빤한 결과가 나타날 것이다. 현실에서 우리는 공중을 날거나 물 위를 걸을 수도 없다.

둘째, 우리의 경험은 일반적으로 명확한 법칙과 원리를 따른다. 공중에 던진 공은 정해진 행로를 따른다. 뜨거운 커피는 일정한 속도로 식는다. 태양은 제시간에 뜬다.

셋째, 이러한 법칙과 원리의 예측은 딱 들어맞는다. 그래서 우리 모두 유사한 패턴을 경험한다. 이런 제약과 적중(的中)을 설명하는 가장 간단한 방식은 단연코 물리적 실재가 있다고 가정하는 것이다.

그래서 우리는 물리적 실재를 정확히 모르면서도 존재한다고 생각하는 것이다. 이런 근본적 실재의 본질을 밝히려는 건 많은 과학적 연구의 목표였다. 오랫동안 과학자들은 그런 움직임을 지배하는 많은 법칙과 원리를 밝혀왔다. 그러나 아주 묘하게도 과학자들이 참된 본질을 연구하면 할수록, 그들은 물리적 실재가 우리가 상상했던 것과 다름을 발견하게 된다.

이 말에 너무 놀랄 필요는 없다. 우리가 상상할 수 있는 게 의식의 형태와 특성뿐이라면, 이런 것들은 근본적인 물리적 실재를 기술하는 적절한 모델이 아닐 것이다.

2천 년 동안 원자(原子)를 원소의 최소단위로 생각해왔고, 이 모델은 일상경험을 통해 쉽게 도출될 수 있다. 그러나 물리학자들이 원자가 전자, 양자, 중성자와 같이 더 작은 소립자들로 이루어져 있음을 발견하게 되면서, 궤도를 선회하는 전자에 둘러싸인 중앙핵이 있는 모델로 바뀌었다. 이것 역시 경험에 기반을 두고 있다.

원자의 지름은 1인치의 10억분의 1에 불과하여 아주 작은데, 소립자는 그보다 십만 배나 더 작다. 원자의 핵을 쌀알 크기로 확대한다고 가정해보자. 그럴 경우 원자 전체는 축구장만 할 것이고 전자는 스탠드 주변을 날아다니는 쌀알 크기만 할 것이다. 20세기 초 영국의 물리학자인 아서 에딩턴 경이 말한 것처럼, "물질은 대부분 섬뜩할 정도로 빈 공간이다." 더 정확하게 말하자면, 99.9999999퍼센트가 빈 공간이다.

물리적 실재가 주로 빈 공간이라면, 세계는 왜 실체가 있고 단단한 것처럼 보일까? 내 손의 99.9…퍼센트가 빈 공간이라면, 왜 테이블 위의 손이 99.9…퍼센트 빈 공간인 테이블을 통과하지 못할까? 이것을 설명하는 가장 간단한 방법은, 전자가 핵 주변을 아주 빨리 돌아서 다른 입자들이 통과할 수 없는 불가입성(不可入性) 전자각(電子殼)을 이루기 때문이다. 어떤 사람 주변을 줄에 매달린 추가 빠르게 돌고 있다고 상상해보라. 그러면 당신은 그 사람에게 접근하지 못할 텐데, 그 이유는 돌아가는 추가 당신의 접근을 막기 때문이다. 마찬가지로, 두 개의 원자가 만날 때에도 그 전자의 궤도가 있어서 서로 통과하지 못하고 그들은 단단한 공처럼 작용한다.

> **물질은 물질로 이루어지지 않았다.**
> —한스 페터 뒤르

양자이론이 등장하면서, 물리학자들은 소립자조차도 결코 단단하지 않음을 발견하였다. 사실 소립자는 우리가 알고 있는 물질과는 다르다. 소립자를 분명히 설명할 수도 없고 정확하게 측정할 수도 없다. 대부분 소립자들은 입자라기보다는 오히려 파동처럼 보인다. 소립자들은 일정한 위치도 없고 뿌연 구름과 같은 잠재적 존재인 것 같다. 어떤 물질이든, 실체는 거의 없다.

없는 것을 보기

  마음에 나타난 세계상은 실제의(actual) 물리세계와는 아주 다르며, 이 두 가지는 보완적이다.
  한편 우리의 실재상이 물리적 실재에 없는 많은 특성을 포함하고 있다는 점에서, 우리의 실재상은 물리적 실재 그 이상이다. 가령, 초록색에 대한 우리의 경험을 고려해보자. 물리세계에는 다양한 주파수의 빛이 있지만, 빛 자체는 초록색도 아니고 눈에서 뇌로 가는 전기임펄스도 아니다. 빛에 색은 존재하지 않는다. 우리가 보는 초록색은 의식에서 산출된 특성이다. 초록색은 마음에서 주관적 경험으로만 존재한다.
  동일한 현상이 소리에도 적용된다. 비숍 버클리가 우리의 지각과 별도로 존재하는 건 없다고 주장했을 때, 나무가 쓰러지는 소리를 옆에서 들은 사람이 없다면 쓰러지는 나무가 소리를 낸 것인지에 대한 격렬한 논쟁이 있었다. 그 당시에는 소리가 어떻게 공기를 통과하는지나 귀와 뇌가 어떻게 기능하는지에 대해 알려진 게 전혀 없었다. 오늘날 우리는 그와 관련된 과정에 대해 훨씬 더 잘 알고 있고 대답은 분명히 "아니다"이다. 물리적 실재에는 소리가 없고 공기 중에 압력파동만 존재한다. 소리를 지각하는 자가 인간이든 사슴이든 새이든 아니면 개미이든, 소리는 지각자의 마음으로 경험할 때에만 존재한다.

다른 한편, 물리세계에는 우리가 결코 경험하지 못한 외부 세계가 여러 측면 있다는 점에서, 우리의 실재상은 물리세계 그 이하이다.

가령, 우리 눈은 430,000에서 750,000기가헤르츠[7]에 이르는 좁은 주파수 범위의 빛만을 감지한다. 이보다 낮은 주파수는 적외선이고, 훨씬 더 낮은 주파수는 극초단파와 전파이다. 그런가하면 가시광선보다 높은 주파수는 자외선이고, 훨씬 더 높은 주파수는 X선과 감마선이다. 우리 눈은 가시광선 외의 주파수를 탐지하지 못하며, 실재에 대한 우리의 시각상은 존재하는 것 중 일부일 뿐이다.

똑같은 현상이 다른 감각에도 적용된다. 우리가 듣고 냄새 맡으며 맛보는 것도 물리적 실재의 일부일 뿐이다. 게다가 우리 경험에 거의 영향을 주지 않는 자장(磁場)이나 전하(電荷)와 같은 물리세계도 있다.

이처럼 인간이 감지하지 못하는 실재의 다른 측면을 다른 동물은 감지할 수도 있다. 가령, 개는 우리보다 훨씬 더 높은 진동수의 소리

---

[7] 1기가헤르츠(GHz)는 초당 10억 사이클임.

를 탐지하고 개의 후각은 우리보다 100만 배 이상 민감한 것으로 추정된다. 우리가 개의 마음이 되어보면, 다른 세계에 있는 자신을 발견할 것이다. 몇 시간 전에 자기 옆을 지나간 사람의 체취를 기억했다가, 다른 수백 명의 체취와 그 사람의 체취를 구별하여 수킬로미터나 떨어져 있는 그 사람의 체취를 찾아낼 수 있다고 상상해보자.

> 우리는 하나의 공간과 하나의 시간만이
> 존재하는 게 아니라, 시간과 공간이 주체 수만큼
> 존재한다는 걸 알고 있다.
> ―야코브 폰 윅스퀼

개의 감각지각은 우리 감각지각의 연장선에 있기 때문에, 우리는 개의 실재를 쉽게 상상할 수 있다. 그러나 돌고래의 실재는 상상하기가 훨씬 더 어렵다. 반향정위능력(反響定位能力)이 아주 발달한 돌고래는 우리들 대부분이 모르는 특성을 경험할 수 있다.[8] 돌고래가 수중음파탐지기로 나를 지각할 때, 돌고래는 몸의 외부를 지각하는 게 아니다. 돌고래의 수중음파탐지기에 의한 상은 임신 중인 태아를 검사할 때 사용하는 초음파와 비슷하다. 돌고래는 내 내장기관의 모양과 움직임을 감지할 수 있다. 내 심장의 박동, 위의 움직임

---

8) 일부 맹인들은 약간의 반향정위능력이 있어서, 유사한 경험을 할 수 있다.

및 근육상태가 모두 돌고래에게 잘 보인다. 내가 다른 사람의 얼굴 표정을 볼 때처럼, 돌고래는 나의 내부 모습을 뚜렷이 본다.

그런가하면 또 다른 종(種)들도 우리가 모르는 특성을 경험한다. 대부분의 뱀은 전자 스펙트럼의 적외선에 민감한 기관이 있어서, 먹잇감이 방사하는 열을 '탐지한다'. 벌은 자외선을 볼 수 있고, 편광(偏光)에 민감하다. 상어나 뱀장어와 같은 물고기는 전기장의 미세한 변화도 알아차린다. 이런 동물들이 구성하는 실재에는 인간의 경험에 전혀 알려지지 않은 특성이 포함되어 있다.

> 존재하는 모든 것, 일어나는 모든 것을
> 지각하는 생물은 없다.
> ―주디스 콜과 허버트 콜

궁극적으로 우주에 있는 생명체의 종류만큼이나 세계를 지각하는 방식은 다양하다. 우리가 실재라고 여기는 건 인간이 물리세계를 보고 해석하는 특정 방식일 뿐이다.

신(新) 코페르니쿠스 혁명

이마누엘 칸트는 지각의 본질에 대한 자신의 통찰을 믿었고, 물리적 실재와 우리가 경험하는 실재의 구분이 '철학적 코페르니쿠스 혁명'의 기반이 될 거라고 생각하였다. 200년 후인 오늘에 와서 볼 때, 그는 그 말에 가장 접근한 사람처럼 보인다. 코페르니쿠스 혁명에서 주요 통찰은 지구가 돈다는 깨달음이었다. 두 가지 실재에 대한 칸트의 구분 역시 주요 통찰로서, 새로운 메타패러다임의 장을 연 것이다.

양자(兩者)의 경우처럼 주요 통찰은 상식에 도전한다. 코페르니쿠스 시대에는 지구가 움직이지 않는다는 게 자명해 보였다. 마찬가지로 오늘날 우리가 물리적 실재를 바로 지각한다는 것도 자명해 보인다. 심지어 우리가 경험하는 세계 전부가 마음에서 구성된다는 사실을 머리로는 수용한 경우에도, 일상에서 우리는 여전히 주변의 '외부' 세계를 본다.

우리는 항상 이런 식으로 세계를 볼지 모른다. 코페르니쿠스가 죽은 지 500년이 지난 지금, 우리는 지구가 실제로 돌고 있다는 것을 알면서도 여전히 지는 해를 본다.

그러나 우리는 그것을 다른 방식으로 볼 수 있다. 우리가 수평선이 보이는 어딘가에만 가면 된다. 그때 자신이 정지해 있다고 생각하지 말고, 우주의 서쪽에서 동쪽으로 천천히 돌아가는 지구라는 거대한 공 위에 서 있는 자신을 보라. 지구가 돌아갈 때, 동쪽에서는 새로운 하늘이 보이고 서쪽에서는 다른 하늘이 사라진다. 그러면 지는 해를 보지 않고, 대신 수평선이 올라가서 해를 가리는 것을 볼 것이다. 마찬가지로 새로운 광경이 열리며 반대쪽 수평선이 내려가면,

만월이 나타난다. 이런 식으로 당신의 지각을 바꿀 때, 코페르니쿠스적 전환이 지적 실재가 아닌 경험된 실재가 될 것이다.

하지만 주변세계에 대한 우리의 지각을 이런 식으로 설명하기는 훨씬 더 어렵다. 노력한다 할지라도, 그게 모두 마음의 상이라는 사실을 체험하기 어렵다. 그러나 이 말이 사물을 다른 각도에서 보는 게 불가능하다는 의미는 아니다. 의식의 본질에 대해 개인적으로 깊이 탐색한 일부 현자들은 이런 새로운 지각에 도달했다고 주장한다.

이처럼 대안적인 의식을 가장 명료하고 간결하게 기술한 예를 하나 들어보면, 현대 인도의 스승인 슈리 니사르가다타 마하라지이다. 자신의 영적 깨달음을 설명할 때, 그는 다음과 같이 말한다.

그대는 세계 안에 그대가 있는 게 아니라
세계가 그대 안에 있음을 확실히 깨닫는다.

또 다른 현대의 현자인 스와미 묵타난다는 다음과 같이 말한다.

그대가 전 우주이다.
그대가 일체(一切) 안에 있고 일체가 그대 안에 있다.
태양, 달, 별이 그대 안에서 돌고 있다.

그리고 아주 권위 있는 인도의 경전인 『아슈타바크라 기타』에서는 다음과 같이 말한다.

내 안에서 현상학적으로 생성된 우주는 나로 인해
널리 퍼져간다……. 세계가 나에게서 태어나, 나에게서 존재하고
나에게서 사라진다.

이들은 물리세계를 바로 지각한다는 마야의 꿈에서 깨어난 사람들인 것 같다. 그들은 그들의 전 세계가 마음의 표현임을 이론적으로만 아는 게 아니라 개인적 체험으로도 깨달은 것이다. 각성한 사람이라고 말하는 이들은 몸소 새로운 메타패러다임으로 전환한 사람들이다.

실재를 바꾸기

코페르니쿠스의 통찰이 우리의 우주모델을 완전히 바꾼 것처럼, 세계에 대한 우리의 경험과 물리세계를 구분하는 것은 의식과 물질세계의 관계를 완전히 바꾸는 것이다. 현재의 메타패러다임에서는 의식이 시간, 공간, 물질로 구성된 세계에서 나온다고 가정하고 있다. 새로운 메타패러다임에서 우리가 아는 모든 것은 의식에서 나온다.

우리는 우리가 보는 세계가 물질로 이루어져 있다고 생각한다. 물질의 궁극적인 본질에 대해 여전히 불확실하긴 해도, 실제적인 물리적 실재에 관한 한 그럴 수도 있다. 그러나 주변에서 우리가 지각하

는 세계는 물리세계가 아니다. 우리가 실제로 알고 있는 세계는 우리 마음에서 형성된 세계이므로 이런 세계는 물질로 만들어진 게 아니라 마음으로 만들어진 것이다. 우리가 알고 지각하며 상상하는 모든 것, 가령 모든 색, 소리, 감각, 사고, 감정은 의식의 형태이다. 이런 세계에 관한 한, 모든 게 의식에서 형성된다.

> 마음이 물질에서 나오는 게 아니라,
> 물질이 마음에서 나온다.
> ─『티베트 대해탈의 서書』

칸트는 이것이 시간과 공간에도 적용된다고 주장하였다. 우리에게는 시간과 공간 같은 실재가 확실해 보인다. 마치 시간과 공간이 우리 의식과 완전히 독립되어, 물리세계의 근본적인 차원처럼 보인다. 그러나 칸트에 의하면, 이것은 우리가 세계를 다른 방식으로 볼 수 없기 때문이다. 그에 따르면, 인간의 마음이 그렇게 구성되어 있어서 시간과 공간이라는 틀 안에서 경험을 구성할 수밖에 없는 것이다. 그러나 시간과 공간이 근원적인 실재의 근본적인 차원은 아니다. 시간과 공간은 의식의 근본적인 차원이다.

그 당시에 그런 주장은 놀라웠고 여전히 오늘날에도 우리들 대부분에게 놀랍지만, 오늘날 현대 물리학자들은 이렇게 독창적인 생각에 큰 관심을 갖고 있다.

5장

빛의 신비

남은 내 생애 동안
빛이 무엇인지 연구하고 싶다.
알베르트 아인슈타인

실험심리학과 이론물리학을 연구하겠다던 나의 결정은 뜻밖의 행운을 가져다주었다. 이론물리학 덕분에 물리세계의 궁극적 진리에 근접하는가 하면, 실험심리학 덕분에 의식이라는 내면세계의 진리를 밝히는 첫걸음을 내딛게 되었다. 게다가 이들 두 분야에 더 깊이 들어갈수록, 물리세계와 내면세계의 진리에 더 근접해갔다.

그 두 가지를 연결하는 매개체는 빛이었다.

현대 물리학의 위대한 두 가지 패러다임 전환인 상대성이론과 양자역학 모두 빛의 작용에 대한 예외에서 출발하였다. 이 두 이론 덕분에 빛의 본질을 완전히 새롭게 이해하게 되었다. 빛은 우주에서 아주 특별한 위치를 차지하는 것 같다. 그리고 빛은 어떤 면에서 시간, 공간 또는 물질보다 더 근본적이다.

이 두 패러다임 전환 중 상대성이론이 나를 가장 매료시켰다. 고

등학교 시절 나는 상대성이론이 시간과 공간의 본질에 주는 시사점에 대해 숙고하였다. 대학 시절에는 물리학 교육과정 중 상대성이론을 가장 좋아하였다. 그리고 최근에야 상대성이론이 칸트의 주장과 똑같은 방향을 지향하고 있다는 것을 깨닫게 되었다.

상대성이론은 광속의 묘한 특성으로부터 도출되었다. 고전물리학에 따르면, 관찰자의 운동에 따라 광속의 측정치가 달라져야 한다. 일상생활에서는 항상 그런 차이가 나타난다. 가령, 당신이 자전거를 타고 시속 20킬로미터로 달리고 있고 시속 30킬로미터로 달리는 차가 당신 옆을 지난다면, 당신에 비해 그 차는 시속 10킬로미터로 달리고 있는 것이다. 만일 당신이 시속 30킬로미터로 달리기 위해 페달을 좀 더 빨리 밟는다면, 당신 속도에 비해 차의 속도는 0이 될 것이고 당신은 차 운전사와 나란히 달릴 것이다.

빛은 자전거보다 수백만 배 더 빨라서, 빛이 당신에 비해 어느 정도 빠른지 알 수 없다. 하지만 빛에도 똑같은 원리가 적용되어, 당신이 빨리 달린 만큼 광속이 더 느려질 거라고 예측할 것이다. 그러나 물리학자들이 이런 변화를 찾아내려 했을 때, 그들은 당황스러운 결과를 얻었다. 빛을 향해 가든 빛에서 멀어지든, 빛의 상대적인 속도가 항상 동일했다.

이런 결과에 당황한 미국의 두 과학자 앨버트 마이컬슨과 에드워드 몰리는 예상되는 차이보다 수백 배 더 정밀한 초당 2마일*의 정

---

* 1마일은 1,609킬로미터.

밀도로 광속의 변화를 탐지할 수 있는 실험을 설계하였다. 그러나 그들은 여전히 똑같은 결과를 얻었다. 관찰된 광속은 결코 차이가 없었다.

기존의 과학적 패러다임에서 볼 때, 이것은 주요 예외였다. 빛은 왜 다른 모든 것과 똑같은 법칙을 따르지 않을까? 그것은 정말 이해가 되지 않았다.

아인슈타인의 패러다임 전환

젊은 시절의 아인슈타인을 살펴보기로 하자. 아인슈타인은 대학의 전기공학과를 지원했다가 입학시험에서 떨어지고 수학과 물리학을 가르치는 곳에서 해고당하여, 스위스 특허국에 3급 견습생으로 취직하였다. 여유시간에 그는 마이컬슨-몰리의 실험결과를 비롯한 수학과 물리학의 불가사의를 연구하였다.

1905년 과학계에 별로 알려지지 않은 26세의 아이슈타인이 두 편의 독창적인 논문을 발표했다. 하나는 이후에 간단히 살펴볼 빛의 양자적 성질에 대한 것이고, 다른 하나는 '운동하는 물체의 전기역학'으로, 이 논문에서 그는 광속문제에 대한 근본적인 해답을 제시하여 특수상대성이론[9]의 기초를 마련하였다.

상대성이론의 기본 전제는 새로운 게 아니었다. 250년 전 갈릴레이는, 창문이 없는 폐쇄된 방 안에 있으면 그 방이 정지되어 있는지

등속으로 운동하는지 알 수 없다는 걸 알았다. 즉, 운동하는 방에서 실시하는 어떤 실험이든 정지된 방에서 실시한 실험과 똑같은 결과가 나타날 것이다.

예를 들어, 당신이 비행기를 타고 가다가 비행기 안에서 테니스공을 떨어뜨린다고 가정해보자. 그 공은 수직으로 바닥에 떨어졌다가 튀어 올라 다시 손 안에 들어올 것이다. 그 공은 시속 500킬로미터로 빠르게 달리는 비행기의 후미에 부딪히지 않는다. 당신에게는 그 공이 땅에 있을 때와 똑같이 운동한다.

지금은 고전 상대성으로 알려진 갈릴레이의 이론에서는 등속운동을 하는 모든 좌표계에서 물리법칙이 동일하다고 설명했다. 여기에서 '등속'이라는 말이 중요하다. 그 말은 곧 일정한 방향을 일정한 속도로 운동한다는 것을 의미한다. 비행기의 속도가 빨라지거나 방향이 바뀌면, 운동하고 있음을 알게 된다. 공이 바닥을 굴러갈 것이고 몸과 좌석의 압력 변화를 감지할 것이다.

고전 상대성은 물체의 운동에 대한 설명으로, '빛'에 대해서는 언급하지 않았다. 아인슈타인은 고전 상대성을 새롭게 발전시켰다. 그는 상대성 원리가 빛을 지배하는 법칙을 포함한 모든 물리법칙에 대해 확인되어야 하고 이들 물리법칙은 등속운동을 하는 모든 좌표계에서 동일해야 한다고 생각했다.

---

9) 아인슈타인은 중력, 시간과 공간의 굴곡을 다루는 일반상대성이론과 구분하여 이 이론을 특수상대성이론이라 불렀다.

1864년 제임스 클라크 맥스웰은 빛이 전자파로 구성되어 있으며 전자파는 자체의 운동방정식을 갖고 있다고 제안하였다. 이 방정식은 초당 186,282마일의 광속에 해당하는 정확한 수치를 나타내고 있었다. 아인슈타인이 주장한 것처럼 이 방정식들이 등속운동을 하는 모든 좌표계에서 동일하다면, 광속이 그런 모든 좌표계에서 동일해야 한다.

   다시 말해서 당신이 아무리 빨리 운동할지라도, 이미 마이컬슨과 몰리가 발견한 것처럼 당신은 항상 광속을 186,282마일로 측정할 것이다. 당신이 초당 186,282마일로 운동한다고 할지라도, 빛은 초당 1마일도 느려지지 않을 것이다. 그래서 빛은 여전히 초당 186,282마일[10]로 나아갈 것이다. 당신은 빛을 조금도 따라잡지 못할 것이다.

   이것은 완전히 상식과 반대된다. 그러나 이런 경우에는 상식이 틀린 것이다. 우리의 정신적인 실재모델은, 광속보다 훨씬 느린 세계에서 생활하면서 얻은 경험을 통해 나온 것이다. 광속에 가까운 속도에서 실재는 완전히 다르다.

---

10) 이것은 진공에서의 광속이다. 유리나 물과 같은 매체를 지날 때에는 광속이 느려진다. 그래서 수영장 바닥이 실제보다 가까워 보이고 프리즘이나 렌즈에 빛이 휘게 된다. 물리학자들에게 빛은 우리가 육안으로 보는 단순한 빛 그 이상임을 알아야 한다. 빛은 전자기 방사선의 전체 스펙트럼이고, 그 중 우리가 보는 스펙트럼은 작은 범위의 주파수일 뿐이다.

시간과 공간의 상대성

아무리 빨리 운동하는 관찰자에게도 광속이 동일하다는 게 아주 이상해 보이지만, 훨씬 더 이상한 건 시간과 공간에 대한 우리의 개념일 것이다.

아인슈타인의 운동방정식에서는 이동 중인 시계가 정지해 있는 시계보다 더 느려질 거라고 예측한다. 일상적으로 접하는 속도에서는 그 차이가 극히 적지만, 광속에 근접하면 그 차이가 현저해진다. 당신이 광속의 87퍼센트 속도로 내 옆을 지나갔다면, 나는 당신의 시계가 내 시계의 2분의 1 속도로 가고 있음을 관찰할 것이다. 이렇게 느려지는 건 인간이 만든 시계에만 적용되는 게 아니라, 모든 물리적·화학적·생물학적 작용에 적용된다. 당신의 전 세계가 나의 전 세계보다 느려진다. 시간 자체가 더 느려진다.

이것이 이상해 보일지 모르지만, 실험에서는 시간이 실제로 이렇게 느려짐을 제시하고 있다. 아주 민감한 원자시계가 세계 도처에서 돌아가고 있는데, 그 시계들이 정확히 예언한 정도만큼 느려지는 것으로 나타났다. 그 변화가 약 1조분의 1 정도로 극히 작지만, 느려지는 건 사실이다.

변하는 건 시간만이 아니다. 공간도 영향을 받는다. 관찰자가 광속에 접근해갈 때, 운동방향으로의 공간 측정치인 거리 측정치가 더 짧아지고 정확히 그 비율만큼 시간이 느려진다. 당신이 광속의 87퍼센트 속도로 내 옆을 지나간다면, 당신 우주에서의 거리는 내 우주의

반으로 줄어들 것이다.

  이것도 상식에 도전하는 것같다. 즉, 시간과 마찬가지로 공간도 기본적이고 고정된 거라서 당신의 속도에 따라 변하지 않을 것같다. 그럼에도 불구하고 광속에 근접한 속도로 이동하는 소립자 실험에서 그 영향이 증명되었다. 당신이 더 빨리 갈수록, 공간은 더 압축된다.

> 추후 시간과 공간 자체는 그저 환영(幻影)으로
> 사라질 것이다.
> 이 두 가지가 하나될 때에야 비로소
> 독립적인 실재가 유지될 것이다.
> ―헤르만 민코프스키

빛의 영역

  광속으로 이동하는 관찰자에 대해, 특수상대성 방정식에서는 시간이 완전히 정지하고 공간이 0이 될 거라고 예측한다. 물리학자들은 광속만큼 빠른 게 없다고 말함으로써 이처럼 이상한 상태를 연구하지 않으려 한다. 그래서 그 속도에서 어떤 이상한 일이 일어날지 걱정할 필요가 없다.

물리학자들이 광속만큼 빠른 게 없다고 말할 때, 그들은 질량이 있는 물체를 언급하고 있는 것이다. 아인슈타인은 속도가 증가하면 시간과 공간뿐만 아니라 질량도 변화한다고 주장하였다. 그러나 질량의 경우에는 감소되는 게 아니라 오히려 증가된다. 그래서 더 빨리 이동할수록, 질량이 더 커진다. 만일 물체의 속도가 광속만큼 빨라진다면, 물체의 질량은 무한해진다. 그러나 무한한 질량이 이동하려면 무한한 양의 에너지, 즉 우주 전체에 있는 에너지보다 더 많은 에너지가 필요할 것이다. 그래서 광속만큼 빠른 게 없다고 주장하는 것이다.

말하자면, 빛을 제외하고는 아무것도 없다. 빛은 광속으로 이동한다. 그리고 빛이 그렇게 이동할 수 있는 것은 빛이 물질적 대상이 아니기 때문이다. 빛의 질량은 항상 정확히 0이다.

질량은 없고 순수한 마음만 있는 상태인, 육체에서 분리된 관찰자가 광속으로 이동한다고 가정해보자. 아인슈타인 방정식에서는 빛 자체의 관점에서 시간과 공간이 0이 될 거라고 예측할 것이다.

이 사실이야말로 빛에 아주 묘한 뭔가가 있음을 말해준다. 빛이 뭐든, 과거도 미래도 없는 영역에 존재하는 것처럼 보인다. 현재만 있을 뿐이다.

빛의 양자

뭐가 빛이고 뭐가 빛이 아닌지에 대한 그 이상의 단서는, 현대 물리학의 다른 패러다임 전환, 즉 양자이론에서 발견된다. 상대성이론에서처럼, 이 전환을 자극한 예외는 빛에 관한 것이었다.

당신이 금속막대의 온도를 높이면, 금속막대가 조금씩 붉어진다. 금속막대가 더 뜨거워지면, 색이 밝아져 붉은색에서 오렌지색, 오렌지색에서 흰색으로 바뀌다가 결국 푸르스름한 색조를 띠게 된다. 왜 이런 일이 생길까? 고전 물리학에 따르면, 뜨겁게 타오르는 모든 물체는 그 온도가 어떻든 동일한 색을 띠어야 한다.

1900년 독일의 물리학자 막스 플랑크는, 이전에 가정해왔던 것처럼 에너지가 연속적으로 발사되는 게 아니라, 이산(離散)의 다발 또는 양을 의미하는 양자(量子)로 나오면 이런 색의 변화를 설명할 수 있음을 알았다. 그는 원자에 있는 전자의 궤도가 바뀌든 햇빛으로부터 피부에 닿는 온기(溫氣)든 어떤 에너지 교환이든 정수(整數)인 양자로 이루어진다고 제안하였다. 가령, 에너지 변화가 1, 2, 5, 117 양자로 나타날 수는 있어도, 양자의 반(半)이나 3.6 양자로 나타날 수는 없다. 플랑크는 뜨겁게 타고 있는 물체에서 나오는 빛에 이런 제한을 두면, 색의 변화가 정확하게 관찰됨을 발견하였다.

5년 후, 특수상대성이론을 발표하던 해에 아인슈타인도 비슷한 결론을 내리게 되었다. 그는 새로 발견한 광전자(光電子)를 연구하고 있었는데, 그 효과에서는 금속 표면에 빛을 쪼여서 전자의 방출을

촉진할 수 있었다. 빛이 입자 또는 광양자(光量子)의 흐름으로 전달된다고 가정하면, 전자가 나오는 속도를 설명할 수 있었다. 빛의 각 광양자는 플랑크의 양자 또는 에너지 다발에 해당했다.

작용으로서의 빛

양자는 전달될 수 있는 가장 작은 에너지 다발이지만, 양자에 포함된 에너지는 상당히 다양하다. 가령, 감마선 광양자에는 적외선 광양자보다 수십억 배나 되는 에너지가 있다. 바로 이러한 까닭에 감마선, X선, 심지어 일정 범위의 자외선은 아주 위험할 수 있다. 이런 광양자가 우리 인체에 닿으면, 방출된 에너지가 세포분자를 분해할 수 있다. 반면에 적외선 광양자가 인체에 흡수되면, 방출된 에너지는 훨씬 더 적다. 적외선의 에너지는 분자를 진동시키는 수준이라서 이로 인해 우리 몸이 약간 따뜻해질 뿐이다.

광양자의 에너지량은 아주 다양하지만, 양자의 한 가지 측면은 정해져 있다. 모든 양자의 작용량은 일정하다.

수학자들은 물체가 이동한 거리에 물체의 운동량을 곱하거나 물체가 이동하는 데 걸린 시간에 물체의 에너지를 곱해서 작용이라고 정의한다. 이 두 가지 결과는 동일하다. 가령, 넓은 운동장에서 멀리 던진 공의 작용량은 같은 공을 반 정도 거리에 던졌을 때보다 더 클 것이다. 공의 질량이 두 배가 되면, 작용도 두 배가 된다. 아니면 당신이 에너지를 방출하며 일정한 속도로 달린다고 생각해보자. 당신이 달리는 시간을 두 배로 늘리면, 작용이 두 배가 될 것이다. 그것은 직관으로 이해가 된다.

양자의 작용량은 훨씬 작다. 간단히 표현하면 초당 약 6.62618×10^{-27}에르그[11])인데, 그 작용량은 언제나 동일하다.

이 수를 발견자 이름을 따서 플랑크 상수라 한다. 이 상수는 현대 물리학에서 나온 두 번째 보편상수이다. 첫 번째 보편상수인 광속과 마찬가지로, 이 상수 역시 빛과 관련된 상수이다. 빛은 언제나 동일한 작용 단위로 온다.

> 모든 물질은 안정된 빛의 덩어리일 뿐이다.
> —슈리 오로빈도

상대성이론과 마찬가지로, 양자이론에서도 빛이 시간과 공간을 초월한다고 본다. 우리는 광양자가 공간의 어떤 지점에서 방출되어 흡수되는 다른 지점으로 이동한다고 생각할 수 있다. 그러나 양자이

---

11) 에르그(erg)는 에너지의 단위이다. 1파운드의 무게를 1피트(30.48센티미터) 들어올리는 데 약 13,500,000에르그가 필요하다. 그래서 에르그는 아주 작은 에너지 단위이다. 당신이 1파운드의 무게를 들어올리는 데 1초가 걸렸다면, 전체의 작용량은 초당 13,500,000에르그일 것이다. 그것은 작용하는 양자 수가 약 2×10억$\times 1$조$\times 1$조 개로, 양자가 얼마나 작은지를 확실히 보여준다.

론에서는 도중에 일어나는 것에 대해 아무것도 모른다고 말한다. 광양자가 두 지점 사이에 존재한다고 말할 수도 없다. 그저 우리가 말할 수 있는 건 방출 지점, 대응하는 흡수 지점 그리고 이 둘 사이에 작용단위의 전이(transfer)가 있다는 것뿐이다.

알 수 없는 빛

칸트에 따르면, 물자체인 본체는 감각에 의해 이해되고 마음으로 해석되지만, 결코 바로 경험할 수 없고 시간과 공간을 초월한다.

120년이 지난 후, 아인슈타인이 칸트를 지지하고 있음을 알게 되었다. 시간과 공간은 절대적인 게 아니다. 시간과 공간은 더 심오한 실재인 시공연속체(時空連續體, spacetime continuum)의 두 가지 다른 모습에 불과하다. 시공연속체란 시간과 공간 두 가지를 초월하지만, 시간과 공간 둘 다로 표현될 가능성이 있다. 그러나 칸트의 본체와 마찬가지로, 시공연속체 자체를 결코 바로 알 수는 없다.

> 우리가 양자 영역에서 일어나고 있는 걸 상상할 수 있다고 생각한다면, 그것은 곧 우리가 그것을 잘못 파악했다는 표시이다.
> —베르너 하이젠베르크

빛 역시 알 수 없는 특성을 지니고 있다. 우리는 결코 빛 자체를 알 수 없다. 눈에 닿은 빛은, 빛이 방출하는 에너지를 통해서만 알 수 있다. 이 에너지는 마음에서 시각상으로 해석된다. 상(像)이 빛으로 이루어진 것 같지만, 우리가 인식하는 빛은 의식의 특성일 뿐이다. 우리는 빛이 실제로 무엇인지를 결코 알 수 없다.

  빛은 이성과 상식을 초월한 것처럼 보이는데, 이 부분도 칸트의 견해와 비슷하다. 칸트에 따르면, 이성은 본체의 본질적 특성은 아니지만 시간과 공간처럼 마음이 사물을 이해하는 방식이다. 그렇다면, 우리 마음이 빛의 본질을 이해하기가 아주 어렵다는 것을 알더라도 새삼 놀랄 필요가 없다. 우리는 빛을 결코 이해하지 못할 수도 있다. 빛은 영원한 미스터리로 남을지도 모른다.

6장
의식의 빛

모든 창조의
한가운데 일자(一者)인 '나(I am)'
그대는 생명의 빛이다.
「슈베타슈바타라 우파니샤드」

실험심리학 연구를 통해 나는 신경생리학, 기억, 행동 및 지각에 대해 많은 걸 알게 되었다. 그러나 뇌 기능을 공부하고 있었음에도 불구하고, 의식의 본질 자체를 이해하지 못했다. 그러나 동양에는 의식의 본질에 대한 연구들이 많았고, 세계 도처에서 온 신비주의자들도 많았다. 수천 년 동안, 구도자들은 마음에 집중하면서 직접적인 개인적 체험을 통해 더 미묘한 측면을 탐색해왔다.

그런 접근이 서양 과학으로 얻을 수 없는 통찰을 줄 거라고 생각한 나는 우파니샤드, 『티베트 대해탈의 서』, 『무지의 구름』 같은 책과 앨런 와츠, 올더스 헉슬리, 카를 융, 크리스토퍼 이셔우드 등이 쓴 책들을 탐독하기 시작했다.

나는 현대 물리학에서와 마찬가지로 이들 책에서도 빛이 논의된다는 걸 알고 매료되었다. 의식 자체는 가끔 빛으로 기술되곤 한다.

『티베트 대해탈의 서』에서는 "자신에게서 나온 맑은 빛이 영원히 내재하여…… 자신의 마음 안에서 빛난다"고 기술하고 있다. 성 요한은 "참된 빛이 세상 사람 모두를 비춘다"고 말했다.

> 빛이 영혼에 이르는 방법과 이유를
> 과학이 과연 설명할 수 있을까?
> ─헨리 데이비드 소로

 실재에 대한 진리를 깨달은 사람들은 자신의 체험을 흔히 빛으로 설명하곤 한다. 수피(Sufi)* 아불 호시안 알 누리는 "어둠 속에서 빛나는 빛을 체험했다…… 내가 그 빛이 될 때까지 그 빛을 계속 응시했다."
 11세기의 기독교 신비주의자인 성 시메온은 다음과 같은 것을 보았다.

> 무한하고 이해할 수 없는 빛……단 하나의 빛……단일의 순수하고 무한하며 영원한……생명의 근원.

---

* 수피(신비적)라는 아랍용어는 초기 이슬람의 금욕주의자들이 입고 다니던 모직 옷, 즉 '양모'라는 뜻의 수프에서 유래한다.

이 내면의 빛을 탐색하면 할수록, 이 내면의 빛이 물리적 빛과 아주 비슷함을 알게 되었다. 물리적 빛은 질량도 없고 물질계의 일부도 아니다. 의식의 빛도 이와 마찬가지여서, 의식의 빛은 실체가 없다. 물리적 빛은 우주에 근본적인 것처럼 보인다. 마찬가지로 의식의 빛도 근본적이다. 의식의 빛이 없다면 체험도 없을 것이다.

나는 이런 유사성에 얼마나 더 깊은 의미가 있는지 궁금해졌다. 그런 유사성이 물리적 빛과 의식의 빛 간에 좀 더 근본적인 관련성이 있음을 의미할까? 물리적 실재와 마음의 실재는, 그 본질이 빛이라는 동일한 공통 기반을 공유할까?

명상

논쟁과 사유만으로는 이런 질문에 답할 수 없다. 동양철학과 신비주의 책들에서 단호히 밝힌 것처럼, 좀 더 미묘한 의식 수준을 이해하려면 책을 읽거나 다른 사람의 체험을 연구해서 되는 게 아니고 스스로 직접 체험해야 한다. 그래서 나는 명상을 비롯한 영적 수행(修行)을 연구하기 시작하였다.

그러다가 중국의 침략을 피해 온 트룽파 린포체를 포함한 몇몇 불교 스승과 티베트의 라마승들이 케임브리지 대학에서 강의하고 있다는 사실을 우연히 접하게 되었다. 그 당시 나는 불교에 매료되었는데, 그것은 불교가 동양철학 중 종교색이 가장 약하기 때문이었다. 불교는 종교이면서도 심리학이나 철학과 비슷했다. 불교에서는 신에 대한 논의를 강조하지 않았다. 불교의 주요 관심은 자신에게서 고통의 원인을 없애는 데 있다. 그래서 나는 불교명상 수업을 수강하고 여러 스승들의 이야기를 경청했으며 불교경전을 많이 읽었다.

몇 개월 후 예기치 않게 내면의 탐색 방향이 바뀌게 되었다. 의식을 연구하려고 시내 도서관의 비교(秘敎) 영역을 뒤지다가, 마하리시 마헤시라는 요기(Yogi)가 쓴 『존재의 과학과 삶의 기술』이라는 책을 발견하였다. 마하리시 마헤시는 비틀스[12]가 초월명상을 접하고 마약을 끊자 유명세를 탄 인도의 스승이다.

그 책을 빌려온 뒤 2주 동안 펴보지도 않은 채 책상 위에 쌓아두고 있었다. 그러던 중 나는 별 기대 없이 그 책을 한번 훑어봤다. 그러다 곧바로 나는 그 책에 빠져들었다. 마하리시의 말은 명상에 대해 내가 읽었던 대부분의 책들과 정반대였지만, 쉽게 와 닿았다.

명상에 대한 대부분의 연구들에서는 불안한 마음을 안정시키고 내면의 깊은 평화와 만족감을 얻으려면 얼마나 많이 노력해야 하는지를 언급하고 있었다. 그런데 마하리시는 그 과정을 완전히 다르게 보았다. 그는 조금이라도 노력하는 것, 즉 마음을 평정시키려는 욕망조차도 역효과라고 보았다. 그 이유는 일단 노력을 하면 정신활동이 줄어드는 게 아니라 오히려 증가되기 때문이다.

---

[12] 비틀스가 초월명상을 홍보한 건 그들의 가장 위대한 업적이다. 나는 세계여행을 하면서, 많은 사람들이 1960년대와 1970년대에 초월명상을 처음 접한 걸 알고 거듭 놀라게 된다.

그는 더 많은 만족과 같이 뭔가를 추구하기 때문에 마음이 불안해진다고 했다. 그것은 마음이 잘못된 방향, 즉 사고와 감각 경험계에서 뭔가를 추구하고 있기 때문이다. 마하리시에 따르면, 관심을 안으로 돌리고 그가 알려준 기법을 적용하기만 하면 마음이 조금이라도 안정된다는 것이다. 좀 더 고요한 상태가 되면, 마음이 추구하던 만족감을 맛보게 된다. 그런 수행을 반복하다보면, 저절로 훨씬 더 고요해지고 만족감을 느낄 것이다.

> 결국 모든 사람의 희망은 마음의 평화일 뿐이다.
> ─달라이 라마

마하리시의 생각은 과학적 사고방식을 지닌 나에게 매력적이었다. 그런 생각들은 단순하면서도 명쾌해서 마치 수학의 유도과정과 같았다. 그러나 회의적인 성격 때문에 나는 어떤 걸 쉽게 믿고 수용하지 못했다. 그래서 그의 기법이 얼마나 효과적인지 확인하기 위해 초월명상을 직접 해보기로 했다.

초월명상을 가르치는 스승이 있는 제일 가까운 곳은 런던이라서, 초월명상을 배우기 위하여 일주일 내내 런던에 갔다. 그 수행을 제대로 할 때까지는 상당한 시간이 걸렸지만, 직접 해보고 나니 마하리시가 옳다는 생각이 들었다. 노력을 덜 할수록, 마음이 더 고요해졌다.

인도로의 여행

다음해 여름 마하리시의 명상 장소인 이탈리아 알프스 산맥 높은 곳에 있는 호수인 라고 디 브레로 여행을 떠났다. 마하리시를 본 순간, 나는 곧바로 매료되었다. 깊고 온화한 갈색 눈, 길게 흘러내린 검은 머리와 수염, 작은 체구에 하얀색 면 한 장을 잘 걸치고 샌들을 신은 그는 인도의 전형적인 구루* 같았다. 기쁨이 충만한 그는 피로도 잊은 채 수준 높은 존재(存在)와 높은 의식상태에 대해 설명해주었다. 그런 건 책 속에 있는 지식이 아니라, 그 상태를 직접 체험한 사람에게서만 나오는 지혜였다. 그때 그에게 더 배우고 싶다는 생각이 들었다.

대학을 졸업하고 트럭 운전으로 여행경비를 마련하여 인도로 갔다. 목적지는 히말라야 아래에 있는 인도의 성지인 리시케슈로, 델리에서 북쪽으로 240킬로미터 떨어진 곳이었다.

북인도의 평원은 알프스 산맥처럼 서서히 산이 나오는 게 아니라, 콜로라도의 로키 산맥처럼 평지였다가 바로 산이 나타났다. 리시케슈는 히말라야 계곡에서 갠지스 강이 시작되는 지점, 즉 평지에서

---

* 요가에서 스승을 의미하는 말.

산이 되는 바로 그곳에 자리 잡고 있었다.

갠지스 강의 한쪽에는 리시케슈의 떠들썩한 상가, 무질서하고 번잡한 거리, 경적을 울리는 자동차, 자전거 인력거, 뼈만 앙상한 소들이 있었다. 강의 다른 쪽은 리시케슈 성지이다. 분위기가 완전히 달랐다. 거기에는 차가 없었다. 강을 가로지르는 다리 하나가 있는데, 그 다리는 차가 다니지 못할 정도로 좁았다. 이쪽 강가를 따라 정글 언덕에 수행자 마을이 산재해 있었다. 어떤 마을은 허름한 벽으로 둘러싸인 사각형 마을로, 간소한 명상실이 줄지어 있었다. 그런가 하면 어떤 마을은 우거진 정원, 우물, 밝은 색상의 신상(神像)이 있어 우아하였다. 어떤 마을은 하타요가센터이고 어떤 마을은 명상센터였다. 그런가하면 어떤 마을은 특정의 영적 지도자나 철학자들이 있었다.

다리에서 약 3킬로미터 아래에 마하리시의 아슈람이 있었으며, 이 아슈람은 꾸불꾸불한 길이 정글 속으로 사라지기 직전에 있었다. 소용돌이치는 갠지스 강의 3킬로미터 위에 있는 벼랑 꼭대기에 여섯 개의 방갈로, 회의실, 식당, 샤워장 등과 같은 시설을 만들어 방문자들에게 기본적인 편의를 제공하고 있었다.

거기에는 교사연수과정을 위해 여러 나라에서 온 수백 명이 있었으며 연령층도 다양하였다. 나처럼 대학을 갓 졸업한 후 심오한 명상체험을 하고 마하리시의 가르침을 더 이해하고 싶어 온 사람들이 많았다. 철학박사, 의학박사, 장기 체류 중인 신학도도 있었다.

이후 몇 주에 걸쳐 마하리시가 상세히 설명하는 그의 철학을 들었다. 질문이 끊이지 않았고, 때로는 그를 심문하는 정도에 이르렀다. 수준 높은 의식상태와 명상의 미묘한 영향을 정확히 구분하는 것에서부터, 비교(秘敎)와 관련된 개념들의 정확한 의미에 이르기까지, 어떻게든 모든 정보를 얻어내려 하였다. 자기의 지식을 기꺼이 공유하려는 마하리시는 결코 피곤한 기색을 보이지 않았다. 하루 프로그램을 모두 마친 후에도, 우리는 그의 지혜를 더 배우기 위해 밤늦게까지 작은 거실에 앉아 있곤 하였다.

순수한 의식

마하리시는 우리가 명상을 더 이해하고 그가 설명한 의식상태를 우리가 체험하기를 바랐다. 장기간의 심오한 명상을 통해서만 그런 의식상태에 도달할 수 있었다. 처음에는 하루에 3, 4시간 명상을 하다가, 과정이 진행되면서 수행시간이 증가하였다. 3개월간의 체류기간 중 6주가 되면서부터, 거의 온종일 명상하였고 밤에도 대부분을 그렇게 보냈다.

이 장기간의 명상 동안, 나의 습관적인 잡념이 사라지기 시작했다. 밖에서 뭐가 일어나고 있는지, 몇 시인지, 명상이 어떻게 진행되고 있는지, 다음에 뭘 말하고 행할지와 같은 잡념이 점점 사라져갔다. 과거에 대한 부질없는 기억들이 사라져갔다. 감정이 안정되고 호흡이 사라진 것처럼 아주 차분해졌다. 결국 사고하는 마음이 완전히 사라질 정도로 정신활동이 점차 줄어들었다. 마하리시의 용어를 빌리자면, 사고를 초월한 것이었다.

> 근원으로 돌아감을 고요함(靜)이라 하고,
> 이를 일컬어 본성(本性)을 회복한다고 한다.
> 본성을 회복함을 상(常)-참된 것, 영원한 것, 변치 않는 것-이라 하고,
> 이 상(常)을 아는 것을 밝다(明)한다.
> ─도덕경

인도의 가르침에서는 이런 상태를 '고요한 마음'을 의미하는 삼매(三昧)라 한다. 그들은 그 상태가 우리가 보통 경험하는 깨어 있는 상태, 꿈꾸는 상태 및 숙면상태와 근본적으로 다른 의식상태라는 걸 확인하였다. 깨어 있는 의식에서는 감각기관을 통해 세계를 인식한다. 꿈꾸는 의식상태에서는 상상으로 그려진 세계를 인식한다. 숙면상태에서는 외부세계나 내면세계를 인식하지 못한다. 삼매에 이르면, 크게 깨달은 상태로 인식은 있지만 인식의 대상이 없다. 삼매는 순수한 의식으로, 특정 경험의 형태와 특성을 갖기 전의 의식이다.

영화 영사기에 비유하자면, 이 네 번째 의식상태인 삼매는 아무 필름도 없이 켜 있는 영사기에 해당하기 때문에 스크린에는 흰빛만

나타난다. 마찬가지로 삼매는 순수한 의식의 빛만 존재하고 다른 건 없는 상태이다. 즉, 삼매는 아무 내용도 없이 의식능력만 있는 상태이다.

> 요가는 마음의 흔들림을 없애는 것이다.
> ―파탄잘리

고대 인도의 경전인 『이샤 우파니샤드』에서는 이 삼매를 다음과 같이 말하고 있다.

그것은 외부 의식이 아니고,
그것은 내부 의식이 아니며,
그것은 의식의 중단도 아니다.
그것은 앎도 아니고,
그것은 모름도 아니며,
그것은 앎 자체도 아니다.
그것은 보이지도 이해되지도 않으며,
그것은 한계가 없다.
그것은 말로 표현할 수 없고 사고를 초월한다.
그것은 형언하기 어렵다.

체험을 통해서만 그것을 알게 된다.

세계의 거의 모든 문화에서 비슷한 설명을 발견할 수 있다. 15세기의 기독교 신비주의자인 디오니시우스는 그것을 다음과 같이 말한다.

그것은 영혼이나 마음이 아니다……
그것은 지위 또는 위대함이나 하찮음도 아니다……
그것은 움직일 수 없는 것도 아니고
움직이거나 정지한 것도 아니다……
그것은 비존재의 범주에 속하지도 않고,
존재의 범주에 속하지도 않는다……
거기에는 어떤 긍정이나 부정도 없다.

불교학자인 D. T. 스즈키는 그것을 '절대적인 공(空)의 상태'라고 말했다.

시간도 공간도 생성(生成)도 물질도 없는 상태이다. 순수한 경험이란 마음이 자체에 반영된 마음을 보는 것이다…… 마음이 공에 이를 때, 즉 마음에서 마음을 제외한 모든 내용이 사라질 때에만 이 상태에 이를 수 있다.

자아의 본질

마음에서 모든 내용이 사라질 때, 절대적인 평온과 평화를 찾을 뿐만 아니라 자아의 본질을 발견하게 된다.

우리는 보통 개인으로서 자신을 드러내는 여러 가지 것들로부터 자아감을 얻는다. 즉, 우리의 몸, 외모, 역사, 국적, 역할, 직업, 사회·경제적 지위, 재산, 다른 사람이 우리를 어떻게 생각하는지 등으로 자아감을 느낀다. 그런가하면 우리의 사고, 감정, 신념, 가치, 창의적·지적 능력, 성격과 인성 등을 기반으로 자아감을 느끼기도 한다. 이외에 우리 삶의 여러 측면이 현재의 자아감에 영향을 준다.

그러나 그런 자아감은 사태에 따라 변화무쌍하고 취약하며 보호와 지원이 필요하다. 우리의 자아감을 좌우하는 게 변화되거나 또 그럴 가능성이 높으면, 우리의 자아감 역시 위협받을 것이다. 가령, 누군가가 우리를 비판할 때, 우리는 그 비판에 대해 지나치게 민감해져, 비판 자체에 대해 반응하기보다는 손상된 자아상을 회복하거나 방어하는 식으로 반응한다.

우리 스스로 세계를 어떻게 경험하는지에 의해서뿐만 아니라 우리가 경험하고 있다는 사실에 의해서도 자아감이 형성된다. 우리는 경험이 있으면, 경험자가 있어야 한다고 가정한다. 그래서 경험을 하고 있는 '나'가 있어야 한다. 확실히 그렇다. 내 마음에 뭐가 떠오르든, 내가 그 모든 것의 주체라는 느낌이 든다.

그런데 이 '나'라는 느낌은 정확히 뭘까? 나는 하루에도 수백 번씩 '나'라는 말을 사용한다. 내가 어떤 걸 생각하거나 보고 있고, 어떤 감정이나 욕망이 있으며, 어떤 걸 알거나 기억한다고 말한다. 그것은 나 자신의 가장 친숙하고 개인적이며 자명한 측면이다. 사실, '나'를 설명하거나 정의하려 할 때까지, 이 '나'가 의미하는 것을 잘 안다. 그런데 오히려 그 뒤에 어려움에 부딪힌다.

자아를 찾는 건 어두운 방에서 빛의 근원을 찾으려고 여기저기 손전등을 비추고 있는 것과 같다. 우리는 방에 있는 여러 가지 대상 중 빛이 닿는 것만을 보게 된다. 이것은 모든 경험의 주체를 찾으려 할 때도 마찬가지다. 관심을 기울이는 생각, 상(像), 감정만을 인식하게 된다. 그러나 이런 것들은 경험의 대상일 뿐이다. 이런 것들이 경험의 주체일 수는 없다.

> '나'는 뭔가?⋯⋯ 자세히 살펴보면,
> '나'라고 하는 건 경험과 기억이 모이는 기반임을
> 발견할 것이다.
> ─에어빈 슈뢰딩거

경험의 대상으로는 자아를 결코 알 수 없지만, 더 친숙하고 즉각적인 다른 방식으로 자아를 알 수 있다. 마음이 고요할 때, 즉 우리가 습관적으로 동일시하는 모든 사고, 감정, 지각, 기억이 사라질 때, 대상은 사라지고 순수한 주체인 자아의 본질만 남는다. 그때 우리는 '이것'이라거나 '저것'이라는 느낌이 아니라, 바로 '나'[13]를 발견한다.

이런 상태에서 당신은 자아의 본질을 알고 그 본질이 순수한 의식임을 알게 된다. 당신은 이것이야말로 진정한 당신임을 알게 된다. 당신은 의식하는 존재가 아니라, 당신이 의식 자체이다.

> '나'는 당신입니다,
> 당신의 한 부분으로 존재하며 알고 있는……
> '나'라고 이야기하고 '나'로 존재해왔던
> 당신의 부분입니다.
> '나'는 당신 안에 있는 가장 깊은 부분으로,
> 시간도 공간도 인식하지 못한 채,
> 고요히 기다립니다……
> '나'는 당신의 모든 면을 지배하여,
> 당신의 모든 사고와 행동이 일어나게 합니다……
> '나'는 언제나 당신 가슴 깊은 곳에 있었습니다.
> ―『내 안의 나』

이 핵심적인 자아감에는 개별 자아의 독특성이 없다. 모든 개성을

---

[13] '나'라고 말하는 것마저도 오해를 일으킬 수 있다. '나'라는 말은 이미 개별 자아와 너무 많이 관련되어 있다. 오히려 그냥 존재(amness) 또는 순수한 존재(pure being)라고 말하는 게 더 정확할지 모른다.

초월하고 특성이 동일하여 당신의 '나'라는 느낌을 나의 '나'라는 느낌과 구분할 수 없다. 당신이 '나'라 하고 당신에게서 빛나는 의식의 빛은, 내가 '나'라 하는 빛과 동일하다. 여기에서 우리는 동일하다.

나도 빛이고 당신도 빛이다.

시간과 공간을 넘어

이러한 본질적 자아는 영원하여, 그런 자아는 결코 변하지 않는다. 본질적 자아는 순수한 의식이고 순수한 의식은 무한하다.

> 시간과 공간은 눈이 만들어내는 생리적 색깔에
> 불과하지만, 영혼은 빛이다.
> —랠프 월도 에머슨

우리가 시간의 흐름을 경험하는 건, 낮과 밤의 사이클, 심장의 고동, 사고의 흐름과 같은 변화 때문이다. 깊은 명상상태에서 사물에 대한 모든 인식이 사라지고 마음이 완전히 고요해지면, 변화와 같은 경험이나 시간의 흐름을 나타내는 것도 사라진다. 우리는 절대적 고요 속에 있었음을 알지만, 거기에 얼마나 오래 있었는지는 모른다.

그 시간이 1분일 수도 있고 한 시간일 수도 있다. 우리가 알고 있는 시간은 사라진다. 현재만이 존재한다.

본질적 자아는 시간뿐만 아니라 공간도 초월한다. 자신의 의식을 찾아보라는 질문을 받으면, 대부분의 사람들은 의식이 머릿속 어디엔가 있을 거라고 생각한다. 지금 이 책은 당신으로부터 1미터 거리 안에 있을 것이다. 그 앞에는 테이블이 있고, 당신 옆이나 뒤에는 벽이 있으며, 책의 약 1미터 아래에는 바닥이 있을 것이다. 당신의 팔, 몸통, 다리, 발도 당신이 인식하는 자아가 있는 지점 가까이에 있다.

우리의 의식이 머리 어딘가에 있을 거라는 생각은 이해가 간다. 우리 뇌는 머리 안에 있고, 아무튼 의식적인 경험과 관련되어 있다. 가령, 뇌가 머리에 있는데 의식이 무릎에 있다면 이상할 것이다.

그러나 모든 게 보이는 대로는 아니다. 사실 의식을 담당하는 정확한 위치는 뇌의 위치와 관련이 없다.* 의식은 감각기관의 위치에 따라 달라진다.

우리의 주요 감각인 시각과 청각은 머리에 있다. 그래서 우리 인식의 중심, 즉 우리가 세계를 경험하는 것으로 보이는 지점은, 눈 뒤 어딘가와 양쪽 귀 사이의 어딘가 그리고 머리 중앙의 어딘가에 있다. 사고(思考)에 대한 다음의 간단한 실험에서 보는 바와 같이, 우리 뇌가 머리에 있다는 사실은 우연의 일치일 뿐이다.

당신의 눈과 귀를 당신의 무릎에 이식하여 이제 당신이 새로운 위

---

* 이 생각은 저자의 입장이다. 이에 대해서는 아직 견해가 분분한 상태이다.

치에서 세계를 관찰한다고 상상해보자. 이때 당신은 자아를 어디에서 경험할까? 머리일까, 아니면 무릎일까? 당신의 뇌는 여전히 머리에 있지만, 당신의 머리는 더 이상 인식의 중심이 아니다. 당신은 다른 관점에서 세계를 바라볼 것이고, 이제 당신은 당신의 의식이 무릎에 있다고 생각하는 게 당연하다.[14]

> 세계상 어디에서도 우리가 인식하는 자아를
> 찾을 수 없다. 그것은 우리가 인식하는
> 자아 자체가 세계상이기 때문이다.
> —에어빈 슈뢰딩거

요약하자면, 당신의 의식이 특정 장소에 존재한다는 생각은 착각일 뿐이다. 우리가 경험하는 모든 건 의식 안에서 만들어진 구성물이다. 우리의 독특한 자아감 역시 마음에 형성된 또 다른 구성물일 뿐이다. 마찬가지로 우리는 우리가 인식한 세계의 중심에 이런 자아상을 두어, 우리가 세계 안에 존재한다는 느낌을 갖게 된다. 그러나 사실은 그와 정반대이다. 세계가 모두 우리 안에 있다.

당신은 공간 안 어디에도 존재하지 않는다. 당신 안에 공간이 있다.

---

14) 이것은 우리 자신이 세계를 다른 관점에서 경험하는 소위 '유체이탈'을 새롭게 조명해준다. 가령, 유체이탈 시에는 천장에서 자신을 내려다본다. 인식의 중심점이 더 이상 신체 부위가 아니다. 우리는 우리가 몸을 떠났다고 생각하지만, 사실 우리는 애당초 우리 몸 안에 있지 않았다.

보편적인 빛

여기에서 또 우리는 의식의 빛과 물리학의 빛이 아주 유사함을 발견한다. 우리가 물리적 빛을 그 자체의 좌표계에서 고려할 때, 우리는 시간과 공간이 사라짐을 발견한다. 아무튼 빛의 영역은 시간과 공간을 초월하는 것처럼 보인다. 마찬가지로 우리가 순수한 의식의 본질을 고려할 때, 시간과 공간은 사라진다. 양자의 경우에, 항존(恒存)하는 순간만 있을 뿐이다.

물리학에서는 빛이 절대적인 것으로 밝혀졌다. 시간, 공간, 질량, 에너지는 우리가 예전에 생각한 것처럼 고정된 게 아니다. 이제는 진공에서의 광속과 광양자의 작용량같이 빛과 관련된 것이 절대적이다. 마찬가지로 마음의 영역에서는 의식능력이 절대적이다. 의식능력은 시간과 공간을 포함한 모든 경험이 공유하는 기반이다. 영사기의 빛과 마찬가지로, 의식 자체는 불변하고 영원하다.

빛의 모든 광양자는 작용량이 동일하다. 동일한 사항이 의식에도 적용된다. 나를 비추는 의식의 빛은, 의식하는 모든 존재를 비추는 의식의 빛과 동일하다.

> 자신의 의식과 의식하는 모든 존재의 의식이
> 동일함을 아는 현자들은 영원한 평화에 이른다.
> —『카타 우파니샤드』

이런 비유는 물리학의 빛과 의식의 빛 간에 좀 더 심오한 관계가 있음을 시사해준다. 이들 빛은 기반이 같아서 물리 영역에서는 빛으로 나타나고 마음 영역에서는 모든 존재를 비추는 의식의 빛으로 나타날까?

창세기에서 하느님이 첫 번째 한 말은 "빛이 생겨라"였고, 이 빛으로부터 모든 창조물이 '나왔다'. 그러나 빛은 일어나고 있는 모든 것의 근원이기 때문에, 모든 창조물이 '나온다'고 말하는 게 더 정확할지 모른다. 이것은 물리세계에도 적용되는데, 물리세계에서 모든 상호작용은 광양자의 교환과 관련된다. 이는 주관적 영역에도 적용되는데, 이때 의식의 빛은 모든 경험이 공유하는 기반이다.

> 신은 하늘과 땅의 빛이다.
> ―코란

빛이 신이라는 게 아니라, 모든 존재를 이루는 근원적 기반의 첫 표현이고 가장 신비한 수준의 창조이며 모든 형태(form)를 초월한 존재에 가장 근접한 거라고 본다. 의식적인 경험에서는 무수한 마음의 형태를 지원하는 내면의 빛인 순수한 자아 상태에서 우리가 신성(神性)에 이른다. 이것은 곧 내면을 깊이 탐색하고 참된 본성을 발견한 많은 신비주의자들이 가장 말썽 많고 당황스런 주장인 "내가 신이다" 라고 말하는 이유이기도 하다.

7장
신으로서의 의식

영혼 자체가 가장 근사하고
완벽한 하느님의 상(像)이다.
십자가의 성 요한

많은 사람들에게는 "내가 신이다"는 말이 불경스럽게 들린다. 기존의 종교에 따르면, 신은 지고하고 전지전능하며 영원한 창조주이다. 아무리 부족한 사람이라 해도 어떻게 감히 자신이 신이라고 주장할 수 있을까?

14세기 기독교 성직자이자 신비주의자인 마이스터 에크하르트가 "신과 나는 하나다"라고 설교했을 때, 그는 교황인 요한 22세에게 끌려가 설교를 모두 철회하라고 강요당했다. 다른 사람들은 더 불행한 말로를 맞이했다. 10세기 이슬람교의 신비주의자인 알 할라즈는 신과 똑같다는 말을 해서 십자가에 못 박혀 죽었다.

그럼에도 불구하고 신비주의자들이 "내가 신이다"와 같은 말을 할 때, 그들은 한 개인에 대해 말한 게 아니다. 그들은 내면적 탐색을 통해 자아의 참된 본질을 발견하였고, 자아의 참된 본질이 바로 그들이 신과 자신을 동일시한 부분이다. 그들은 개인의 개성이 전혀 없는 자아의 본질, 즉 '나'라는 느낌이 신이라고 주장했다.

현대의 학자이자 신비주의자인 토머스 머턴은 그것을 다음과 같이 아주 명료하게 설명한다.

> 나 자신의 존재와 현 실재의 깊은 곳, 즉 가장 깊은 근원에 있는 나 자신인 형언하기 어려운 존재(am)에 이르면, 이 깊은 곳을 지나 바로 신의 이름인 무한한 나(I am)에 이른다.

'나'는 히브리어로 하느님의 이름인 야훼이다. 입에 담을 수 없는 하느님의 이름인 히브리어의 야훼는, "나는 곧 나다(I AM THAT I AM)"*로 번역되기도 한다.

> 나는 무한한 심오함이다.
> 그 안에서 모든 세계가 나온다.
> 모든 형태를 초월한 영원한 고요.
> 그게 바로 나다.
> —『아슈타바크라 기타』

---

* 출애굽기 3장 14절.

유사한 주장이 동양의 전통에서도 나타난다. 인도의 훌륭한 현자인 슈리 라마나 마하르시는 다음과 같이 말했다.

'나'는 신의 이름이다……신은 다름 아닌 참 자아이다.

12세기에 가장 존경받았던 수피 신비주의자인 이븐 알 아라비는 다음과 같이 말했다.

그대가 자신의 참 자아를 알면, 그대는 신을 안다.

통찰을 통해 힌두의 가르침에 활력을 준 18세기 인도의 성자 샹카라는 자신의 깨달음에 대해 다음과 같이 말한다.

나는 브라만*이다…… 나는 영혼, 순수한 의식, 모든 현상의 기반으로서, 모든 존재 안에 있다…… 무지했던 시절, 이런 것들이 나 자신과 분리되어 있는 거라고 생각하곤 했었다. 이제 나는 내가 전부임을 안다.

이 문장은 "너희는 잠깐 손을 멈추고, 내가 하느님인 줄 알아라"는 성경 말씀을 새롭게 조명해준다. 이 말은 "조급해하지 않으면 너에게 말하고 있는 사람이 만물의 창조주인 전능한 하느님임을 알 것"

---

* 범(梵), 즉 우주의 최고 원리 또는 최고 신.

이라는 뜻이 아니다. 이 말은 마음을 진정시키려는 격려 이상의 의미가 있으며, 지적 이해가 아니라 직접적인 깨달음을 통해 본질적 자아인 '나' 즉 모든 경험의 기반인 순수한 의식이 모두의 근원인 지고의 존재임을 아는 것이다.

이때 신은 우리를 초월해 있고 인간사에 관대하며 우리의 행위에 따라 우리를 사랑하거나 판단하는 분리된 존재가 아니다. 신은 우리들 모두에게서 우리 자신의 가장 친숙하고 분명한 측면, 즉 마음에서 빛나는 의식으로 나타난다.

나는 진리이다

많은 현자들과 신비주의자들이 자신의 순수 의식 체험을 개인의 신성 체험으로 설명했음을 알고, 신에 대한 전통적인 몇 가지 설명이 더 분명해졌다.

우리가 살펴본 것처럼, 의식능력은 절대적이고 확실한 유일의 진리이다. 마음에서 어떤 일이 일어나든, 뭘 생각하고 믿고 느끼고 감지하든, 의심할 수 없는 유일한 건 의식이다. 이와 마찬가지로 신도 유일한 절대 진리로 일컬어지곤 한다.

신은 보편적이고 의식능력도 마찬가지다. 의식능력은 우주의 주요 특성이자 모든 존재의 친숙한 측면이다.

신과 마찬가지로, 의식은 어디에나 존재한다. 속담에 있는 것처럼, "그대가 가는 곳마다 거기에 그대가 있다." 그대가 뭘 경험하든, 즉 마음에서 어떤 형태가 생기든, 언제나 '존재함(amness)'이라는 느낌이 있다. 의식은 언제나 존재해왔고, 언제나 존재할 것이다. 의식은 결코 변하지 않고 영원하며 지속적이다.

> '나'라고 말할 때,
> 신체와 분리된 실체를 의미하는 게 아니다.
> '나'는 완전한 존재, 바다와 같은 의식, 존재하며
> 알고 있는 전 우주의 모든 걸 의미한다.
> ─슈리 니사르가닷타 마하라지

신을 만물의 창조주이고 근원이라고 말하곤 한다. 의식도 마찬가지다. 우리 개인의 전 세계, 즉 보고 듣고 맛보고 냄새 맡고 접촉하는 모든 것과 사고, 감정, 환상, 암시, 희망, 두려움이 모두 의식의 형태이다. 의식은 우리가 알고 있는 모든 것의 근원이고 창조주이다.

마찬가지로 자신의 본성을 깨닫는 것은 일반적으로 신성과 관련된 특성이다. 마음이 고요하고 과거나 미래에 대한 근심이 없을 때, 우리의 이름이나 형태를 넘어 순수한 참 자아에 이른다. 이렇게 순수한 존재를 경험할 때, 가진 것이나 하는 일에 좌우되지 않고 한결같고 평온한 평화를 발견한다. 우리는 우리가 언제나 추구해왔던 만족, 즉 모든 지식을 초월한 신의 평화를 발견할 것이다.

> 본래 근원이 청정한 이 마음은,
> 항상 뚜렷이 밝아 두루 비추고 있다.
> 그러나 그것을 깨닫지 못한 세상 사람들은,
> 보고 듣고 느끼고 아는 것만을 마음이라 한다.
> 보고 듣고 느끼고 아는 것에 가려,
> 끝내는 정교하고 밝은 본체를 보지 못한다.
> ― 황벽선사

물질주의자의 사고방식

신을 의식의 본질과 동일시할 때, 신에 대한 전통적인 설명뿐만 아니라 많은 영적 수행이 새로운 의미를 갖는다.

앞 장에서 우리는 우리가 경험하는 소리, 색깔, 감각으로 우리의 실재가 구성된다고 보았다. 우리가 세계상을 구성하는 방식은 어느 정도 뇌에 정해져 있다.[15] 그러나 우리가 이 상을 어떻게 해석하는지는 상당히 다양하다. 그대와 나는 한 개인의 행위를 아주 다르게 평가할 수 있다. 새로운 이야기에서 아주 다른 의미를 파악할 수 있

---

15) 다음과 같은 예외가 있다. 어떤 약은 뇌의 화학적 상태를 변화시키고, 그로 인해 감각 자료를 처리하는 방식이 바뀌어 정상과 다른 실재상을 갖게 된다. 즉, 색깔이 바뀌고 물체가 덜 단단해 보이며 시간과 공간이 변할 수 있다. 극단적인 피로, 병, 스트레스, 일부 영적 수행에서도 비슷한 결과가 나타날 수 있다. 그러나 뇌가 정상을 찾게 되면, 우리 모두 비슷한 실재상을 구성한다.

고, 진행 중인 상황을 다른 각도에서 볼 수 있다. 이렇게 다양한 해석은 우리가 그 상황에 부여하는 신념, 가정 및 기대에서 나오는데, 심리학자들은 그것을 사고방식(mindset)이라 한다.

여러 가지 과학적 패러다임이 훨씬 더 근본적인 신념인 메타패러다임에 기반을 둔 것처럼, 경험에 부여하는 의미를 결정하는 가정은 더 근본적인 사고방식에 기반을 둔다. 우리는 재산이나 직업과 같이 외적인 것에서 내면적 평화와 충만을 얻을 거라고 생각한다.

불행하게도 이런 사고방식은 우리가 참된 평화를 얻는 데 방해가 된다. 우리가 미래에 평화로울지 아닐지를 걱정하고, 과거에 평화를 방해했던 것에 분노하거나 원망하느라 바쁘다보니, 현재 평화로울 여유가 없다.

> 걱정하지 마라, 그러면 행복해진다.
> —메헤르 바바

이처럼 물질주의적 사고방식을 가지면 마음상태가 외적인 것에 좌우된다. 이런 면에서 물질주의적 사고방식은 현대과학의 물질주의적 메타패러다임과 동일하다. 양자(兩者)의 경우 모두 의식이 물질계에 좌우된다고 가정한다. 오늘날의 과학적 세계관에서는 의식이 시간, 공간, 물질로 구성된 세계에서 나온다고 믿는다. 이런 물질주의적 사고방식에서는 우리의 마음상태가 시간, 공간, 물질로 구성된 세계에서 일어나는 사태에 따라 달라진다고 본다. 게다가 과학적 메타패러다임에서처럼, 우리의 삶을 지배하는 사고방식에 대해서는 결코 의문을 제기하지 않는다.

영성 입문

이런 사고방식으로 세계를 볼 필요가 없다. 우리가 알고 있는 모든 게 의식의 구성물이라는 관점에서 삶을 보면 모든 게 바뀐다.

이런 전환이 이루어지면, 재산이나 직업에 의해 평화 여부가 좌우되지 않는다. 우리 자신이 세계에 대한 우리의 지각을 정했다. 우리가 세계에 모든 의미와 가치를 부여하였다. 그리고 우리는 세계를 다르게 볼 수 있다.

> 사람들은 상황 때문이 아니라, 상황을 보는
> 자신의 사고방식 때문에 불안해진다.
> —에픽테토스

평화로워지기 위해 특별히 해야 할 일은 없다. 현재 하고 있던 일을 멈추기만 하면 된다. 가령, 원하는 대로 일이 잘 안 되거나 자기가 기대한 대로 다른 사람들이 행하지 않을 때, 상황이 바뀌길 바라거나 걱정하거나 화내지 마라. 우리 한가운데 있는 평화를 방해하는 일만 하지 않으면, 우리가 줄곧 추구해왔던 평화가 조용히 우리를 기다리고 있음을 발견할 것이다.

나에게는 이것이 영성 입문이다. 이것은 시간, 문화, 종교적 신앙과는 무관한 보편원리이다. 이것은 핵심적인 원리로, 많은 영적 수행이 여기에서 시작된다.

용서

용서에 대해 생각해보자. 용서는 전통적으로 "네 잘못을 알지만, 이번에는 그것을 봐주겠다"와 같이 면죄나 관대함으로 여겨져왔다. 그러나 용서의 원래 의미는 아주 다르다. 용서를 의미하는 고대 그리스어는 아페시스(aphesis)로, 내버려둠을 의미한다. 우리가 다른 사람을 용서할 때, 우리는 그를 판단하지 않는다. 그들에 대한 모든 해석과 평가, 즉 옳은지 그른지, 친구인지 적인지에 대한 모든 생각을 없앤다.

오히려 그들이 자신과 주변세계에 대한 착각에 사로잡혀 있음을 본다. 우리와 마찬가지로 그들도 안전, 지배, 인정, 지지, 자극의 필요성을 느낀다. 그들 역시 그들의 만족을 방해하는 사람들이나 상황들 때문에 위협을 느낄 것이다. 우리처럼 실수를 하기도 한다. 그러나 이런 모든 잘못의 이면에는 마음의 평화만을 추구하는 또 다른 의식적인 존재가 있다.

우리가 나쁘다고 생각하는 사람들마저도 동일한 목표를 추구하고 있다. 이러저러한 이유 때문에 그들은 배려가 부족하고 때로는 잔인한 방법으로 만족을 얻으려 하는 것뿐이다. 그러나 깊은 곳에서는 그들도 이 세상에서 구원을 얻으려는 신성한 빛이 강하게 일고 있다.

용서는 우리가 다른 사람에게 해주는 것이라기보다는 우리 스스로 하는 것이다. 타인을 판단하지 않으면, 많은 분노와 슬픔의 근원이 사라진다.

> 마음에 비통함을 간직하고 사는 것보다
> 더 고통스러운 일은 없다.
> ―휴 프레이더

그 순간에는 나쁜 감정이 정당화될 수 있지만, 우리에게 결코 유익하지 않다. 사실 그런 감정은 다른 사람보다 자기 자신에게 더 피해를 준다. 우리가 판단하지 않을수록, 더 평화로워진다.

이런 인식의 변화가 의식변화의 핵심이다. 내가 처음 고차적인 의식상태에 대해 들었을 때, 나는 더 신비한 의식이나 새로운 에너지 또는 일상적인 인식을 초월한 실재에 이를 거라고 생각했다. 해가 지나면서 깨달음이 동일한 세계를 다른 관점에서 보는 것임을 깨달게 되었다. 깨달음이란 다른 걸 보는 게 아니라 동일한 걸 다르게 보는 것이다.

기도

매 순간 나는 상황을 어떻게 볼지 선택한다. 가령, 나를 행복하게 해줄 것 같은 것들을 얻을 수 있을지 걱정하면서, 물질주의자의 사고방식으로 상황을 볼 수 있다. 아니면 이러한 사고체계에서 벗어나 그 상황을 바라볼 수도 있다.

그러나 그런 선택을 하는 게 언제나 쉬운 건 아니다. 소심한 인식에 사로잡혀 있다보면, 그 상황을 다르게 볼 수 있다는 것마저 인식하지 못한다. 그러다보면 자신의 실재가 유일하다고 생각하게 된다.

하지만 상황을 다르게 볼 수 있다는 걸 인식하면서도 그게 뭔지 모를 때가 있다. 혼자서 이런 전환을 할 수 없을 때에는 도움을 받아야 한다. 그런데 도움을 받으려면 어디로 가야 할까? 게다가 다른 사람들도 나와 같은 사고체계에 사로잡혀 있는 것 같다. 도움을 요청할 곳은 물질주의적 사고방식을 초월한 의식수준, 즉 내 안 깊은 곳에 있는 신이다. 신에게 도움을 요청해야 한다. 기도해야 한다.

기도할 때, 외부에 있는 신의 개입이 필요하지 않다. 안에 있는 신성한 존재인 나의 참 자아에게 기도한다. 게다가 세계가 현재와 달라지기를 기도하는 게 아니라, 세계를 다르게 볼 수 있기를 기도한다. 정말 중요한 곳, 즉 내 사고를 지배하는 사고방식에 신이 개입하기를 바란다.

> 문제를 유발했던 그 의식으로는
> 결코 문제를 해결할 수 없다.
> —알베르트 아인슈타인

그 결과로 감동이 계속될 것이다. 두려움이나 판단이 사라짐을 발견하게 될 것이다. 두려움과 판단 대신, 편안함이 자리하게 될 것이다. 괴롭히는 사람이나 상황이 있을지라도, 이제 사랑하고 동정 어린 눈으로 바라본다.

신은 사랑이다

사랑 또한 신의 속성으로 여겨진다. 이런 사랑은 우리 삶의 여러 영역을 지배하는 물질주의적 관점에 기원을 둔 사랑, 즉 우리 세계에서 일반적으로 사랑이라고 여겨지는 사랑과 구분되어야 한다.

우리는 우리가 바라는 대로 다른 사람이 생각하거나 행동할 때에만 우리가 행복해질 거라고 믿는다. 그들이 그렇게 하지 않으면, 우리는 당황하고 분노하며 좌절하는 등 사랑과 무관한 정서를 느끼게 된다. 반대로, 우리가 더 절실한 욕구를 만족시켜줄 누군가, 즉 우리가 바라는 완벽한 인간상에 부응하는 사람을 만나면, 우리의 마음에서는 그 사람에 대한 따스한 감정이 넘친다. 우리는 우리가 그들을 사랑한다고 말한다.

그런 사랑은 조건적이다. 우리는 어떤 사람의 얼굴, 예절, 지성, 몸매, 재능, 성격, 옷, 습관, 신념, 가치 때문에 그 사람을 사랑한다. 우리는 우리가 특별하다고 생각하는 사람, 즉 우리의 기대에 맞고, 우리의 절실한 욕구를 만족시켜주고 우리의 삶을 완벽하게 해주는 사람을 사랑한다.

그런 사랑은 덧없을 뿐이다. 가령, 그 사람이 살찌거나 내가 싫어하는 습관이 생기거나, 당연히 할 줄 알았던 배려를 하지 않으면, 우리의 판단이 금방 부정적으로 바뀌어 사랑이 곧 사라진다.

> 미워하고 사랑하지만 않으면,
> 일체(一切)가 통연(洞然)하고 명백하니라.
> ─승찬대사, 삼조

신비주의자들이 말하는 사랑은 완전히 다른 형태의 사랑이다. 그것은 무조건적인 사랑으로, 다른 사람의 속성이나 행위에 좌우되지 않는다. 그것은 우리의 바람, 욕구, 희망, 두려움 등과 같은 물질주의자의 사고방식에 기반을 둔 게 아니다. 마음이 고요해지고 두려움, 평가, 판단이 사라질 때 무조건적인 사랑이 솟아난다.

우리가 추구하는 평화와 마찬가지로, 이렇게 무조건적인 사랑은 언제나 우리의 마음 한가운데에 있다. 그런 사랑은 우리가 만들어내는 게 아니라, 우리 내면에 있는 본성이다. 개인의 욕구나 관심에 좌우되지 않는 순수한 의식이 순수한 사랑이다. 참된 본질인 나는 사랑이다.

황금률

우리 자신이 무조건적인 사랑을 원할 뿐만 아니라, 우리는 다른 사람이 우리에게서 그런 사랑을 느끼기를 바라기도 한다. 비판받고 거절당하고 무시당하고 조종되기를 바라는 사람은 없다. 이것은 배우자나 가족과 같은 친숙한 관계에서뿐만 아니라 함께 일하는 사람, 사회에서 만나는 사람, 심지어 길이나 비행기에서 우연히 만난 낯선 사람에게도 해당된다. 우리는 모든 관계에서 존중받기를 원한다.

모두가 사랑을 원한다면, 서로 사랑을 주어야 한다. 그러나 그게 언제나 쉬운 게 아니다. 우리는 사랑을 얻거나 유지하느라 너무 바쁜 나머지, 다른 사람도 똑같은 걸 원한다는 사실을 망각하게 된다. 그래서 우리는 우리가 추구하는 사랑을 우리가 받을 수 없게 되는 악순환에 빠지게 된다.

상대방이 의도한 것이든 우리 스스로 그렇게 해석한 것이든 누군가의 말이나 행동에 상처를 받으면, 보통 공격적인 반응을 하게 된다. 다른 사람이 어떻게 행동하느냐에 따라 자신의 행복이 좌우된다고 생각하면, 지혜롭지 못한 반응을 하게 된다. 다른 사람도 똑같은 사고방식을 갖고 있다면, 그들도 비슷하게 반응하거나 상처 주는 말이나 행동을 할 것이다.

그래서 악순환이 일어난다. 곁에서 보기에는 관계가 잘 유지되고 있는 것처럼 보인다. 그리고 두 사람이 서로 우호적으로 보여서 노골적인 적의도 없다. 그러나 속으로는 미묘한 계산이 작용하고 있다. 각기 상대방이 자기를 더 사랑하게 하려다, 결국 서로 상처를 받게 된다. 그것은 모두가 실패하는 비극적인 게임으로, 그런 상태가 지속되면 최선의 관계가 불가능해진다.

> 그대 스스로 다른 사람에게 피해를 주지 않고
> 다른 사람의 자유를 침해하지 않으면,
> 그대는 법(dharma)을 따라 행동하고 있는 것이다.
> —사이 바바

그런 순환은 일어나기도 쉽지만, 끝내기도 쉽다. 그 요령은 다음과 같이 간단하다. 사랑을 억누르려 하지 말고 사랑을 주어라. 이 말이 의미하는 건, 우리가 말하는 내용이나 방법이 어떻든 다른 사람이 우리에게 사랑받고 배려받는다고 느끼게 하라는 것이다.

신으로서의 의식 129

부처는 이것을 '정어(正語)'라 한다. 즉, 다른 사람에게 좋은 말로 표현할 수 없다면, 고귀한 침묵을 유지하는 게 낫다. 이것을 회피로 오해하지 않아야 한다. "상대방이 기분 상하지 않게 말하는 법을 모르기 때문에 조용히 있는 것뿐이다." 우리의 사고와 감정 표현은 소중하지만, 악순환을 유발하지 않도록 표현해야 한다. 필요할 경우에는 친절하고 애정 어린 태도로 말할 수 있을 때까지 고귀한 침묵을 유지해야 한다.

영적 가르침에서는 이 원리를 황금률이라 한다. 노자는 "네 이웃의 이익을 자신의 이익처럼 생각하고 네 이웃의 손해를 네 손해로 생각해라"고 말했다. 코란에서는 "자신이 바라는 걸 자기 형제가 하기를 바랄 때 비로소 신도가 된다"고 말한다. 그리고 예수는 "남에게 대접받고자 하는 대로 너희도 남을 대접하여라"고 말했다.

핵심은 친절, 즉 다른 사람에게 피해를 주지 않으려는 의도이다. 우리 모두에게서 빛나는 의식의 빛이 신성함을 알 때 친절이 생긴다. 우리는 모두 성스럽기에 서로 존중함으로써 신을 존중한다.

> **나의 종교는 친절함이다.**
> ─달라이 라마

내가 젊어서 거부했던 신과 달리, 의식의 빛인 신은 나의 과학적 성향과 모순되지 않고 나의 직관이나 사유에도 반하지 않는다. 정말로 신은 과학과 종교의 궁극적인 수렴을 지향한다.

8장
과학과 영혼의 만남

하느님은 순수한 무이고,
지금 여기에서는 가려져 있네.
하느님께 다가가려는 노력을 덜 할수록,
하느님이 더 나타나네.

안겔루스 질레지우스

나는 신을 새로이 이해하고 인도에서 돌아왔지만, 기존의 종교로 돌아가라고 옹호하지는 않았다. 대신 세계의 영적 전통들이 인간의 의식에 대해 발견한 것을 20세기에 적용할 수 있는 용어와 수행으로 바꾸고 싶었다.

케임브리지로 돌아온 나는 새로운 관심을 학문에 어떻게 통합할까 하는 문제에 직면하게 되었다. 나는 이론물리학과 실험심리학 기말시험에서 최우등상을 받았다. 이렇게 우수한 성적은 박사과정 입학을 보장해주는 거나 마찬가지였다. 그래서 가장 흥미 있는 주제인 명상으로 연구계획서를 제출했다. 나는 명상에 의한 뇌와 몸의 변화를 연구하고 싶었다. 그러나 심리학 교수는 내 주제를 대수롭지 않게 생각했다. 그는 명상이라는 주제를 수용할 수 없다고 말했다. 만일 비주류 현상을 연구하려 했다면, 명상이 아니라 최면을 연구했을 텐데!

다소 실망한 나는 컴퓨터 프로그램 분야의 직장을 잡을까 하고 생각했다. 그 무렵 나는 컴퓨터과학 석사학위를 받은 상태였고, IBM에서는 나에게 새롭게 뜨고 있는 컴퓨터그래픽 분야의 연구실에서 일할 수 있는지를 타진해왔다. 오늘날의 세계에서 컴퓨터그래픽의 중요성을 고려할 때, 그 길을 택했더라면 내 인생이 어떻게 바뀌었을지 누가 알겠는가? 그러나 예기치 않은 사건들로 인해 나는 다른 진로를 선택하게 되었다.

스트레스 실험실

박사 연구계획서가 떨어진 지 1주일 후, 내 친구가 자기 아버지께 명상을 폄하한 내 교수에 대해 이야기했다. 그의 아버지는 영국 서부에 있는 브리스틀 대학교의 교육학 교수였다. 며칠 후, 그는 자기 동료인 브리스틀 대학교 심리학과에 근무하는 아이버 플리델 피어스에게 내 이야기를 했다. 곧 나는 아이버로부터 브리스틀에 오라는 초대를 받았다.

아이버의 연구주제는 스트레스였고, 그는 스트레스 대처 방안으로 특히 명상에 관심이 있었다. 게다가 아이버는 사용하지 않고 있던 완벽한 실험실을 나에게 쓰라고 권했다. 나는 브리스틀에 가서 박사학위를 받고 싶었던 것일까? 두말할 것도 없이 곧장 그 제안을 수용하였다. 곧 기금이 나오고 자리를 옮기게 되었다.

> 사는 방법은 두 가지 방법밖에 없는 것 같다.
> 기적은 결코 없다고 믿는 것과
> 모든 게 기적이라고 믿는 것이다.
> ─알베르트 아인슈타인

　내 마음대로 사용할 수 있는 실험실의 문에 '스트레스 실험실'이라는 팻말이 있었는데, 그 말이 나에게는 너무 재미 있었다. 이유인즉, 나는 그와 정반대인 이완을 연구하고 있었기 때문이다. 그러나 그 실험실은 기막히게 유용하였다. 실험실은 내 연구에 필요한 장비인 생리과정을 검사하는 장비로 가득 차 있었다. 그것만으로는 부족했던지, 방음실까지 있었다. 거기보다 스트레스가 없는 곳은 드물 것이다.

　문을 닫으면 적막이 흘렀고, 거기에다 불까지 끄면 암흑이어서 마치 실험실에 히말라야 동굴을 옮겨놓은 듯했다. 그래서 실험에 참여한 피험자들이 거의 방해받지 않고 명상할 수 있는 환경을 마련해줄 수 있었다. 그리고 오랜 연구생활 끝에, 나도 명상하기에 완벽한 장소를 갖게 되었다.

영혼을 세속으로

미국의 몇몇 연구와 더불어 내 연구에서는 초월명상이 스트레스의 정반대 반응에 해당하는 생리적 변화를 유발함을 제시하였다. 명상을 하는 동안 스트레스의 거의 모든 지표, 즉 심장속도와 혈압부터 신체의 화학적 상태와 뇌 활동까지 모두 극적으로 반전되었다. 하버드 의과대학의 허버트 벤슨은 그 상태를 '이완반응'이라 불렀고, 갑자기 명상이 이목을 끌게 되었다. 의사들은 환자들에게 명상을 추천하였고 교사들도 학생들에게 명상을 해보라고 권했다. 심지어 사업가들도 명상을 수강하게 되었다.

이렇게 명상이 과학적으로 검증되면서 나 자신의 생활에도 큰 변화가 생겼다. 명상연구를 2년째 하고 있을 무렵, IBM에서 다시 나를 찾아왔는데 이제는 컴퓨터그래픽 때문이 아니었다. 그들은 명상에 대한 연구결과를 듣고 일부 관리자들에게 초월명상을 가르쳐줄 수 있는지를 물었다.

그래서 나는 기업체에서 일하게 되었다. 그 후 약 20년 넘게 크고 작은 기업체의 프로그램을 설계하고 운영하였다. 내 연구는 명상과 스트레스 조절에서 창의성, 학습, 의사소통까지 확대되었다. 하지만 이들 연구의 주요 관심은 언제나 자기개발이었다. 나는 영적 여행에서 얻은 소중한 아이디어와 수행법을 사람들에게 의미 있는 방식으로 적용하였다. 내 강의를 듣는 사람들은 주로 인사관리, 기업체의 목표달성, 아동교육뿐만 아니라 영업에 관심이 있었다.

나는 그런 상황에서 결코 영적 용어들을 사용하지 않았다. 내 강의를 듣는 사람들은 대부분 종교나 신비주의와는 완전히 동떨어진 사람들이었다. 나는 영적 지혜가 영원하고 보편적이라면 현대에 적절한 과학적이고 이성적인 언어로 표현될 수 있을 거라고 생각했다. 영적 개발이 사람들에게 수용되려면, 그렇게 생각하는 게 당연할 것이다. 확실히 현대의 세계관에서는 그런 생각이 적절하였다.

> 종교가 없는 과학은 절름발이이고
> 과학이 없는 종교는 맹인이다.
> ─알베르트 아인슈타인

브리스틀에서 나는 글을 쓰기 시작했다. 브리스틀에 있던 마지막 해에 학술지의 편집자가 의식에 대한 논문을 기고해달라고 하였다. 그래서 나는 내가 작가가 아니라 과학자라고 말했다. 그는 내가 뭘 쓰든 멋진 글로 바꾸는 건 편집자인 자신의 몫이라고 말했다. 원고를 넘겼을 때, 나는 내 글이 아주 명쾌하다는 그의 말을 듣고 깜짝 놀랐다.

몇 년 후 그 이유를 알게 되었다. 수학을 연구한 경력이 예기치 않은 결실을 가져다준 것이었다. 수학을 연구한 경력 덕분에, 의도한 결론을 향해 마음을 단계적으로 설명하면서 아이디어를 논리적으로 제시했던 것이다.

브리스틀을 떠나기 전, 처녀작인『초월명상』을 쓰기 시작했다. 초월명상에 대한 몇 가지 오해를 다루면서 명상의 영적 측면과 과학적 효과를 통합하고 싶었다. 그 책이 출판되자마자, BBC에서는 명상에 대한 라디오 연속프로그램을 만들자고 하였다. 그래서 그 결과로 두 번째 책인『명상』을 쓰게 되었다. 2년 후 친구와 함께 인도철학의 초석인 우파니샤드를 번역하였다. 기업계에서 연구하면서『인간의 뇌』와『창의적인 관리자』를 쓰게 되었다.『지구적인 뇌』와『적기의 화이트홀』이라는 두 권의 책[16]을 더 써서, 내면의 성장과 현대의 문제 특히 정보폭발과 가속적인 발달 간의 관련성을 탐색하였다.

영적 가르침이 의식에 대해 말해주는 것을 계속 연구하면서, 나는 점점 진화에 관심을 갖게 되었다. 물론 여기에서 나는 단순히 생물학적 진화가 아니라 더 포괄적인 맥락에서의 진화, 즉 초기 우주의 원시물질 출현에서 현대 인간의 문화 발달에까지 관심을 가졌다. 나는 물리적 진화와 더불어 그에 상응하는 의식의 진화도 이루어졌음을 깨달았다. 미래에는 인류의 발달이 우주로 나아가는 게 아니라 깊이 감춰진 의식 속으로 들어갈 것임을 깨달았다.

'머리말'에서 언급한 것처럼, 의식의 진화에 대한 이런 관심 덕분에, 현대의 과학적 메타패러다임이 불완전함을 알고 의식을 실재의 주요 측면에 넣어야 한다는 결론을 얻게 되었다. 패러다임 전환의

---

16)『지구적인 뇌』는 원래『깨어 있는 지구』로 영국에서 출판되었고, 후에『지구적인 뇌가 깨어나다』라는 제목으로 개정판을 냈다.『적기의 화이트홀』의 개정판은 최근에『적기의 깨어남』으로 출판되었다.

본질을 더 생각하면서, 과학이 일련의 패러다임 전환을 통해 발달하는 것처럼 종교도 그렇다는 것을 파악하였다. 게다가 이 두 가지 전환은 동일한 방향을 향하고 있는 것처럼 보였다.

영적 패러다임

초창기 종교는 인류가 자신이든 다른 사람이든 인식하고 있음을 인식하게 된 시점으로 거슬러 올라간다. 거기서 좀 더 나아가 다른 창조물도 인식하고 있다고 생각하게 되었다. 곰이나 수탉의 눈을 보면, '그 안에' 또 다른 의식적인 존재가 있다고 상상하는 게 어렵지 않다. 동일한 것이 식물에도 강이나 산과 같은 자연현상에도 적용된다고 생각하였다. 그런 것들에도 역시 자체의 영혼이 있었다.

그런 영혼의 존재는 초기 인류가 대답하기 어려웠던 많은 문제들을 설명해줄 수 있었다. 가령 비가 왜 내릴까, 화산이 왜 폭발할까, 사람이 왜 아플까, 사고가 왜 일어날까와 같은 질문에 대답해줄 수 있었다. 바위가 산에서 굴러와 종족이 상처를 입으면, 그것은 산의 영혼이 노했기 때문이라고 생각했을 것이다. 그래서 그들은 뭔가를 바치거나 용서를 빌어서 산의 노여움을 가라앉히려 했을 것이다.

우리가 이런 전통 속에서 자랐다면, 실재에 대해 다양한 신념을 가졌을 것이다. 그리고 그 신념은 우리 문화의 패러다임, 즉 실재에 대한 우리의 인식을 결정하는 세계관이 되었을 것이다. 물론 그런

패러다임이 과학적인 패러다임은 아니지만 패러다임임에는 틀림없다. 일상경험이 모두 그 테두리 안에서 이해되었을 것이다. 산에 제물을 바쳤는데도 바위가 사람들에게 굴러오는 예외적인 모습을 보면, 그런 건 무시되거나 그 당시의 지배적인 세계관에 통합되었을 것이다.

다신론

문화가 발달하면서, 영혼에 대한 사람들의 관점도 변했다. 동물과 식물뿐만 아니라, 만물에 영혼이 있다고 보게 된 것이다. 참나무신, 곰신, 수탉신 등이 있다고 생각하였다. 그리고 자연현상에는 우레의 신, 바람의 영혼, 지구의 신과 같이 그 자체를 지배하는 영혼이 있다고 보았다. 이러한 존재들은 특정 식물이나 동물과 같은 물리적 형태 안에 있는 것이 아니라 하늘, 산꼭대기 또는 그 밖의 먼 곳에 있었다.

자연형태로 존재하는 영혼에서 초자연적인 신으로의 전환은 곧 새로운 종교패러다임, 즉 다신론(多神論)을 의미하였다. 초기 종교의 영혼에서처럼, 이런 신들의 존재는 많은 걸 설명해주었다. 그리스 신화에서 아폴론은 네 마리의 천마가 끄는 황금마차에 태양을 싣고서 하늘을 날아다녔다. 헤라클레스는 세상을 둘러멨다. 큐피드는 사람들이 사랑에 빠지게 했다. 이런 신들은 여러 가지 인간의 특징을 지니고 있었다. 그래서 그 신들은 친절하고 야망 있고 지혜로운 반면, 걸핏하면 화내고 싸우고 시기하였다. 어떤 신은 악한가 하면, 어떤 신은 선의 원동력이었다.

그들은 가난한 사람들을 보살피고 우주의 법칙과 질서를 어느 정도 담당하면서, 인간사에도 적극적인 관심을 가졌다. 신은 나쁜 짓을 하는 사람들에게 현세에서든 사후에든 벌을 내리고, 자신의 죄를 참회하는 사람들은 용서해주었을 것이다. 그래서 그 무렵 이와 관련된 많은 신화가 있었다.

일신론

다음의 패러다임 전환은 다신에서 전능한 유일신으로의 변화였다. 기원전 600년쯤 페르시아의 한 처녀의 몸에서 태어난 것으로 전해지는 차라투스트라라는 이름의 젊은 남자가 "참된 신은 하나뿐"이라고 설교하기 시작하였다. 그의 말에 따르면 천사, 대천사, 사탄은 아주 많지만, 구세주는 '지혜로운 주'라는 뜻의 아후라마즈다 하나뿐이다. 차라투스트라의 가르침은 조로아스터교라는 종교를 일으켰다. 오늘날 조로아스터교는 주요 종교에 속하지 않지만, 주요 일신교인 유대교, 기독교 및 이슬람교의 기반이 되었다.

> 선하게 생각하고 선하게 행하고 진리를 말하라.
> ─차라투스트라

이들 일신교(一神教)에서 신은 유일하고 절대적이며 인격적인 존재로, 지고하고 전지전능하다. 신은 자연을 만들었을 뿐만 아니라, 계속해서 자연을 지켜보고 인간을 보살핀다.

신앙적인 사랑이 점점 중요한 역할을 하였다. 신을 사랑한 사람들은 신으로부터 사랑을 받았을 것이다. 많은 사람들이 종교가 서로 다른 사람끼리 사랑하는 게 어렵다는 것을 알긴 하지만, 인간에 대한 사랑도 중요시했다.

무신론

다신론에서 일신론으로의 변화와 더불어 무신론(無神論)도 출현하게 되었다. 신 없는 종교가 있다는 게 모순으로 보일지 모르지만, 일부 주요 종교는 이런 입장을 중심으로 출현하였다.

기원전 6세기에 인도의 마하비라라는 젊은 왕자는 기존의 종교인 베다교에 환멸을 느꼈는데, 그는 그 종교가 죄 없는 동물의 희생, 무의미한 종교의식, 인간이 만든 허구적인 신에 대한 믿음을 옹호한다고 비판하였다. 그는 궁중에서의 호화로운 생활을 포기하고, 더 나은 삶을 찾아 13년을 빈털터리로 지냈다. 깊은 명상에 몰입해 있던 어느 날, 그는 모든 창조물과 하나 되고 속세의 번뇌로부터 해탈함을 느꼈다. 결국 그는 자신이 마음을 정복한 '정복자'를 뜻하는 지나(jina)라고 주장하면서, 자기 추종자인 자인(jains)들에게 정의로운 삶, 비폭력 및 무해(無害)를 통해 해탈하도록 격려했다.

> 그들이 부처에게 "그대는 신이오?" 하고 물었다.
> 그는 "아니오" 하고 대답했다.
> "그러면 그대는 천사인가?" "아니오."
> "성인?" "아니오."
> "그러면 그대는 누구인가?"
> 부처는 "나는 깨달은 사람이다"라고 말했다.
> ─휴스턴 스미스

얼마 되지 않아 또 다른 인도 왕자인 싯다르타 고타마 역시 사치스러운 왕궁을 떠나 번뇌를 없애는 방법을 찾기 시작하였다. 6년간 깊은 명상을 한 후 해탈에 이른 그는 '깨달은 자'를 뜻하는 부처라 불렸다. 번뇌란 스스로 만든 것이고 부질없는 것임을 깨달은 부처는, 다른 사람들에게 참 자유를 찾고 깨닫는 방법을 가르쳤다.

이 무렵 두 가지 무신론적 종교가 중국에서 발생하였다. 지나와 부처처럼 노자와 공자는 어떤 신을 믿지 않고도 진리를 발견하고 내면의 평화에 이를 수 있다고 가르쳤다. 그들은 또 검소, 덕, 정직 외에 친절한 삶을 지지하였다.

네 번째 종교 패러다임인 무신론에는 자비로운 신이 주는 몇 가지 이점이 없다. 이 패러다임에서는 더 이상 인간사에 개입하는 어떤 초자연적인 존재가 없다. 그래서 이제 자신의 운명은 자신의 손에 있었다. 그러나 여전히 나머지 많은 것들은 존재하였다. 사랑, 친절, 정의로운 삶이 중요했다. 그래서 여전히 세속의 번뇌로부터 구원받을 수 있었다. 어떤 의미에서 여기에서도 여전히 악마가 있지만, 그 악마는 자신 안에 있었다. 네 번째 패러다임의 목표는 마음이 욕망, 집착, 망상, 잘못된 자아감과 같이 스스로 만든 제약으로부터 해탈하는 것이었다.

범신론

다신론, 일신론, 무신론 외에 또 다른 영적 주제는 '모두가 신'이라는 범신론(汎神論)이었다.

범신론적 견해는 대부분의 문화에서 이따금 출현하였다. 수피 신비주의자인 이븐 알 아라비는 다음과 같이 썼다.

신은 본질적으로 일체(一切)이다…… 모든 창조물의 존재가 곧 신의 존재이다. 당신은 현세에서든 내세에서든 신 이외의 것을 보지 못한다.

그리고 마이스터 에크하르트는 다음과 같이 설교하였다.

신은 어디에든 있고 어디에서든 완벽하다. 신이 일체에 흘러들어갈 때에야 비로소 바로 그 본질이…… 일체의 가장 내면에는 신이 존재한다.

> 신이 바위에서 잠자다,
> 식물에서 꿈꾸고,
> 동물에서 뒤척이다,
> 인간에게서 깨어난다.
> —수피의 가르침

서구철학에서는 19세기 초반 게오르크 헤겔의 저작에서 범신론이 두각을 나타내게 되었다. 헤겔은 모든 존재가 신일 뿐만 아니라 전(全) 역사가 신의 자기실현 과정이라고 주장하였다. 유사한 생각이 20세기 철학자인 앨프리드 노스 화이트헤드, 피에르 테야르 드 샤르댕, 슈리 오로빈도의 철학에서 발견된다.

아인슈타인은 범신론자였다. 그는 어떤 전통적인 개념의 신을 믿은 게 아니라, 다음과 같이 믿었다.

신은 우주의 법칙으로 나타난다. 신은 인간보다 훨씬 더 뛰어나므로 부족한 우리는 신 앞에 겸손해야 한다.

순수한 범신론에서는 신이 일체의 본질이라고 믿는다. 그런가하면 **범재신론자(汎在神論者)**와 같은 사람들은 신이 일체에 존재하고 그것을 초월해서도 존재한다고 본다. 어떤 범신론자들은 물질계의 실재를 믿는다. 다른 범신론자들은 그게 착각이라고 생각한다. 어떤 범신론자들은 개별적인 영혼이 존재함을 믿는가 하면 그렇지 않은 범신론자들도 있다. 그러나 그들은 모두 분리된 지고의 초자연적 존재이자 만물의 창조주이며 인간사의 심판자라는 개념의 신을 거부한다.

오늘날 많은 사람들은 의식하진 못하지만 범신론자이다. 교회, 경전, 스승이 없는 범신론은 다른 종교와는 달리 눈에 띄지도 않고 공식적으로 출석을 하는 것도 아니다. 기존의 유일신을 거절하면서도 신의 존재를 믿는 사람들은 대부분 범신론적 견해에 공감하는 자신을 발견할 것이다.

범신론까지 해서 종교를 전반적으로 정리해보았다. 첫 번째 종교인 다신교는 일체에 영혼이 있다고 주장하지만 이런 영혼에 인간의 특성을 투사한다. 범신론자도 일체에서 영혼을 보지만, 인간적인 특성과 약점이 있는 영혼이 아니라 신성한 영혼을 본다.

범신론은 제3장에서 논의한 범심론과 큰 차이가 없다. 정말로 우리가 신을 의식능력과 동일시하면, 모든 것에 의식이 있다는 관점은 모든 것에 신이 있다는 관점이 된다.

패러다임의 수렴

과학과 영혼에 대한 세계관이 언제나 오늘날처럼 소원했던 건 아니다. 500년 전에 과학과 영혼은 거의 차이가 없었다. 한계는 있었지만, 과학은 교회의 확고한 세계관 안에 존재하였다. 코페르니쿠스, 데카르트, 뉴턴 이후 서양과학이 유일신을 지지하는 종교이론에서 벗어나 무신론적인 세계관을 확립한 이래, 오늘날에 와서는 종교적인 세계관과 과학이 너무 소원해졌다. 그러나 이 두 가지는 재결합할 수 있고 결국 그렇게 될 거라고 믿는다. 이 두 가지의 합일점이 바로 의식이다. 과학에서 의식을 실재의 근본으로 보고 종교에서 신을 우리 모두에게서 빛나는 의식의 빛으로 고려할 때, 이 두 세계관이 조화되기 시작한다.

이 수렴의 과정에서 잃는 것은 아무것도 없다. 수학은 똑같이 남아있고 물리학, 생물학, 화학도 그렇다. 그렇게 전환할 경우에 상대성이론과 양자이론의 일부 모순을 새롭게 설명해주면서도, 그 이론들 자체는 변하지 않는다. 패러다임 전환에서는 이런 내포(內包)가 공통 패턴이다. 그래서 새로운 실재모델에서는 기존의 것을 특별한 경우로 포함한다. 일상적인 속도로 다니는 관찰자에게는 아인슈타인의 패러다임 전환이 아무런 영향을 주지 않는다. 우리가 관심 있는 뉴턴의 운동법칙은 여전히 적용될 것이다. 마찬가지로 의식을 실재의 근본 특성으로 볼 때, 물리세계에 대한 우리의 지식은 변하지 않는다. 게다가 그로 인해 자신을 더 깊이 이해할 수 있다.

동일한 통합이 영적 측면에서도 유지된다. 오랫동안 누적된 많은 지혜, 즉 언제나 중요했던 용서, 친절, 사랑은 변하지 않았다. 전통적으로 신에 기인하는 많은 특성들이 의식능력에도 똑같이 적용될 수 있다. 영적 가르침과 과학적 지식이 이제 공통 기반을 공유한다는 것만 다를 뿐이다. 이것은 패러다임 전환의 또 다른 공통 패턴이다. 뉴턴은 동일 법칙하에 지구의 법칙과 천체 역학을 설명했다. 맥스웰은 전기, 자력, 빛을 단일 공식으로 통합하였다. 의식의 메타패러다임이 전환되면, 통합은 훨씬 더 진척된다. 그로 인해 인간이 진리를 추구해오던 이들 두 가지 방식이 한 지붕 아래 통합된다.

과학과 영혼의 만남은 우주를 더 포괄적으로 이해하기 위해서나 우리 인류의 미래를 위해서도 중대한 일이다. 오늘날 그 어느 때보다 영적 탐구를 정당화할 세계관이 필요한데, 그 이유는 우리의 많은 위기 뒤에는 영적 빈곤이 있기 때문이다.

9장

위대한 깨달음

감사하신 하느님,
이 시대 도처에 과오가
우리와 직면해 있으니,
우리가 큰 영적 진보를 할 때까지,
우리를 떠나지 마시옵소서.
작게는 영혼을 키우는 것이고,
크게는 하느님을 탐구하는 것입니다.

크리스토퍼 프라이

의식의 본질을 연구할수록, 내면의 깨달음이 현대 세계에서 중요하다는 것을 깨닫게 되었다. 이 세계는 공학의 엄청난 위업에도 불구하고 점점 더 심각한 문제에 빠져드는 것 같다.

개인적인 걱정거리에서 사회, 경제, 환경 문제에 이르는 오늘날의 문제들은 대부분 인간의 행위와 판단에 기인한 것이다. 이런 행위와 판단은 모두 인간의 사고, 감정 및 가치에서 나오며 사고, 감정 및 가치는 재산이나 직업으로 행복해질 수 있다는 믿음이나 취약했던 자아감을 회복하려는 욕구로부터 영향을 받는다. 이런 심리적 문제가 우리 문제의 근원에 자리 잡고 있다. 주변에서 우리가 목격하는 증가일로의 위기는 더 깊은 내면의 위기인 의식의 위기의 전조일 뿐이다.

사실 이런 위기는 오래전부터 다가오고 있었다. 인간의 진화로 인해 자기인식으로의 도약이 이루어지고 의식이 의식 자체를 의식하게 되던 수천 년 전부터 시작된 것이다.

최초의 자기인식 출현은 강한 개인적 자아가 아니라 자기 종족과의 일체감과 관련될 것이다. 이런 내면의 인식이 점차 진화되어 더 집중되면서, 오늘날 타인이나 자연 환경과 구분되는 독특한 자아라는 느낌을 지닌 정도에 이르게 되었다.

> 인간이 짐승 수준을 벗어났다면, 결국 신이 될 것이다.
> —켄 윌버

그러나 이런 개별 자아의 인식은 내면의 진화에서 최종단계가 아니다. 의식에는 대부분이 알고 있는 것 이상의 것이 있음을 발견한 사람들이 역사적으로 간간이 있었다. 그들은 개별 자아가 참된 자아감이 아니라고 말한다.

또한 그런 자아는 심각한 문제를 지니고 있다. 자아인식이 이렇게 분리되고 의존적이며 항상 취약한 자아로 제한되어 있다면, 왜곡된 사고와 잘못된 행동으로 자신에게 부질없는 고통을 가져다준다. 우리 스스로 이런 문제에서 벗어나려면, 내면의 여행에서 한 단계 더 나아가 의식의 참된 본질을 발견해야 한다.

우리의 최종 시험

과거에는 참된 자아를 인식하는 것이 개인의 행복을 위해 중요한 것으로 여겨졌다. 오늘날에 와서는 상황이 바뀌어 이제는 우리 공동의 생존을 위해 필요하게 되었다.

외부 세계에 대한 지식이 가속적으로 증가하였고, 그로 인해 전례 없이 환경을 개발할 수 있게 되었다. 공학이 이런 가능성을 더 확대시켜, 이제 우리는 바라는 것 대부분을 할 수 있게 되었다. 그러나 내면적인 영역에 대한 우리의 지식은 훨씬 더 느리게 발달하고 있다. 우리는 아마도 2천 년 전의 사람들과 마찬가지로 제한된 자아감이라는 약점을 갖고 있을 것이다. 이것이 바로 우리 문제의 근원이다. 고도의 공학으로 우리가 환경을 지배할 능력이 증가되었지만, 우리가 편파적으로 개발한 의식의 단점도 증가되었다. 파생된 자아감에 의해서든 내면의 행복이 외부 환경에 의해 좌우된다는 믿음에 의해서든, 우리가 새로 발견한 능력을 잘못 활용하여 지구가 파괴되고 있다.

우리는 벅민스터 풀러가 우리 '진화사의 최종시험'이라고 부른 상태에 이르렀다. 우리에게 주어진 질문은 다음과 같이 간단하다. 우리가 이렇게 제한된 의식을 초월할 수 있을까? 우리의 착각을 없애고 진정 우리가 누구인지를 알며 우리가 몹시 원했던 지혜를 찾을 수 있을까?

> 인류는 너무 영리해서 지혜 없이는 생존할 수 없다.
> ─ E. F. 슈마허

도처에서 우리는 이런 문제에 부딪힌다. 환경오염으로 인해 우리의 우선사항과 가치를 검토해야만 한다. 정치적·경제적 위기는 자기중심 사고의 단점을 드러내고 있다. 물질주의에 대한 환멸로 인해 우리가 진정 원하던 것이 뭔지를 묻게 되었다. 줄곧 빨라지는 변화 속도로 인해 자신이 바라는 상황에 대한 집착이 줄어들게 되었다. 많은 사회문제는 현대의 세계관에 내재된 무의미함을 반영한다. 그리고 우리의 인간관계는 두려움과 판단에서 벗어나 무조건 사랑하기를 계속 요구하고 있다. 결국 모든 방향으로부터 얻은 메시지는 "깨어나라!"는 것이다.

영적 르네상스

일찍이 영적 르네상스에 대한 압력이 이처럼 강한 적은 없었다. 그리고 그런 르네상스가 일어날 가능성이 이렇게 큰 적도 없었다.

영적 행로의 선택은 더 이상 자기 문화에만 제한될 필요가 없다. 우리는 전 세계의 전반적인 지혜로부터 선택할 수 있게 되었다. 티베트나 페루처럼 멀리 떨어진 문화로부터도 배울 수 있게 되었다. 이외에도 불교, 기독교, 샤머니즘과 같이 다양한 전통, 수천 년간 전해 내려온 가르침 및 현대의 지혜로부터 배울 수 있다.

뿐만 아니라 이전에는 불가능했던 방식의 지식보존이 가능해졌다. 과거에는 영적 가르침이 개인에서 개인으로 전해 내려오고 여러 언어로 번역되어 외국문화에 흡수되면서, 일부 가르침은 잘못 해석되거나 사라지는가 하면, 군더더기가 붙기 일쑤였다. 그래서 본래의 영감을 어설프게 해석한 것만 남곤 하였다.

오늘날에 와서는 가르침이 훨씬 더 정확하고 빠르게 전달될 수 있다. 여행을 하면서 비디오를 보고 오디오를 듣는다. 지구의 다른 쪽에서 진행 중인 세미나의 위성방송을 들을 수 있고, 뒤에 다시 보기 위해 그 내용을 녹화해둘 수도 있다. 인터넷을 통해 만나거나 본 적이 없는 수많은 사람들의 통찰과 깨달음을 배울 수 있다. 처음으로 영적 지혜의 본질을 전 지구 차원에서 이용하게 되었다.

> 문명의 최대 성과는 심오해지는 영적 이해를
> 표현하는 것이다.
> —아널드 토인비

과거 사람들은 자기 경험을 통해서나 주변에 있는 사람들로부터 배웠던 반면, 우리는 지구 도처에 있는 무수한 사람들로부터 배울 수 있게 되었다. 우리는 서로의 깨달음을 상호 촉진하고 있다.

공동의 깨달음

60년대에 내가 의식을 연구하기 시작할 무렵, 이 주제에 대한 책은 거의 없었다. 영국의 가장 큰 서점인 케임브리지에서도, '신비주의 연구'는 신학 파트에 있는 몇몇 코너에서만 발견되었다. 30년이 지난 지금, 상황이 완전히 바뀌었다. 이제 서양에는 자기개발과 의식 전문 서점이 없는 도시가 거의 없다.[17]

지난 30년간 이 분야에서 수천 권의 책이 출판되었다는 건, 곧 사람들이 자신의 여행에서 얻은 통찰과 발견이 많다는 걸 반영한다. 이런 책들을 읽음으로써 사람들이 스스로 깨닫게 되고, 나아가 그들이 자신의 발견을 책, 강의, 테이프, 웹 사이트, 또는 친구나 가족과의 가벼운 대화를 통해 다른 사람들에게 전달한다. 우리들 각자가 영적으로 성숙할수록, 다른 사람들과 더 나눠야 한다. 그리고 그들이 더 성숙할수록, 공동의 깨달음에 더 기여할 것이다.

이런 상호 피드백으로 내면의 개발과 관련된 정보에 쉽게 접할 수

---

17) 이런 책들이 모두 무한한 영적 지혜를 제대로 반영하고 있다는 뜻은 아니다. 주의 깊게 검토할 만한 인간 탐구 분야가 있다면, 뉴에이지와 관련된 분야이다. 선구적인 어떤 분야에서나 마찬가지겠지만, 진리를 추구하는 데 있어서도 무분별한 예가 많고 서투른 모습도 나타나기 마련이다. 옥석을 가리려면 많은 주의와 통찰이 필요하다.

있을 뿐만 아니라, 본질적인 지혜를 이해하려고 갈망한다. 내 내면의 앎과 공명하거나, 마음을 분명히 이해하게 해주거나, 내면의 수행(修行)에 유익한 가르침을 발견하면, 당연히 그것을 내 사고에 통합할 것이다. 그것은 곧 후에 다른 사람들과 공유하게 될 아이디어나 통찰에 반영되고 그런 아이디어나 통찰은 그들 자신의 사고와 공명하며 그들 자신의 이해를 분명히 해준다. 우리는 본질적인 영적 지혜에 대한 서로의 이해를 잘 조율하여 내면세계에 대한 일치된 이해에 접근해간다.

> 함께 공명하는 영혼이 더 많을수록
> 사랑의 강도는 더 강해지고
> 거울과 같이 각 영혼이 다른 영혼을 비춰준다.
> ─단테

깨달음을 공유할 때, 이런 지식에 대한 다양한 표현이 더욱더 유사해진다. 최근에 강의하던 중에, 내가 말하는 내용이 다른 많은 사람들의 말과 다른 거냐고 묻는 사람이 있었다. 나는 "그렇지 않을 거라고" 대답했다. 내가 완전히 다른 걸 말한다면, 잘못된 것이리라 오늘날 우리는 새로운 게 최고라는 가정에 쉽게 빠져든다. 우리는 최근 물리학, 생물학, 천문학의 도약적인 발전에 흥분해 있고, 의학발달과 새로운 정보공학을 신속하게 수용하고 있다. 그러나 영적 공학은 오랜 시간(永劫)에 걸쳐 검증되고 확인되는 게 최선이다.

시대가 변하면서 외부 환경이 엄청나게 변했고, 과거 사람들과 생각이 크게 달라졌겠지만, 마음이 작용하는 방식은 변하지 않았다. 가령, 실재에 대한 자신의 해석에 사로잡혀 있고, 제한된 자아와 동일시하고 행동이 집착과 두려움에 좌우되며 스스로 번뇌를 만들어 내는 것은 변하지 않았다. 이런 제약으로부터 벗어나게 해주는 기본적인 수행도 없다. 이 분야에서는 새로운 지식이 필요한 게 아니라, 영원한 지혜를 현대사회의 맥락에 맞게 재구성하는 게 필요하다.

연결고리

부처는 고대 인도에, 예수는 2천 년 전의 유대에, 모하메드는 자기 시대와 문화에 적합한 용어로 자신의 통찰을 설파했다. 오늘날 우리는 똑같은 본질적 지혜를 재발견하여 21세기의 언어로 표현하고 있다.

우리는 과학과 이성이 지배하는 시대에 살고 있다. 따라서 새로운 견해가 수용되려면, 합리적인 마음을 만족시키고 검증 가능해야 한다. 직관과 공명만으로는 충분치 않고, 현대의 세계관 안에서 이해되어야 한다.

몇백 년간 지배적인 세계관은 현실세계가 시간, 공간 및 물질로 구성되었다는 가정에 기반을 두어왔다. 이런 물질주의 모델이 세속적인 현상 대부분을 잘 설명해주고 많은 미스터리도 해결해주어 신의 존재를 배제할 때가 있다.

천문학자들은 우주 끝까지 먼 우주를 연구하고 있다. 우주론자들은 우주 탄생 무렵까지 먼 시간을 거슬러 올라가고 있다. 그리고 물리학자들은 물질의 **심층구조**, 즉 우주의 근본적인 구성요소까지 연구하고 있다. 그들은 신이 있다는 증거를 발견하지 못했고 신의 필요성도 느끼지 못했다. 우주는 신의 도움이 없어도 잘 돌아가는 것처럼 보였다.

> 들어보게나, 친구여!
> 내가 사랑하는 신은 내 안에 있다네.
> ―카비르

30년 전에 나는 그런 논리를 수용하였다. 지금 나는 과학과 내가 거부했던 신의 개념이 너무 고지식하고 진부함을 깨달았다. 위대한 성인과 현자의 글을 살펴보면, 신의 존재를 시간, 공간 및 물질 영역에서 지지하는 주장은 거의 없다. 그들이 신을 말할 때, 그들은 보통 심오한 개인적 체험을 일컫는다. 신을 발견하려면, 서양 과학이 아직 탐구하지 못한 마음속 깊은 곳을 탐색해야 한다.

시간, 공간 및 물질의 본질에 대해서처럼 마음의 본질을 탐색하다 보면, 오랫동안 기다려온 과학과 영혼의 연결고리가 의식임을 발견할 거라고 생각한다.

이것이 바로 새로운 메타패러다임의 가장 중요한 가치이다. 세계관을 확대하여 의식이 우주의 근본이라 할 때, 새로운 실재모델이 의식이라는 예외를 설명해줄 뿐만 아니라 예전의 영적 지혜를 현대 용어로 갱신해준다. 그로 인해 우리 스스로 자기발견을 향한 여행에 새로이 몰두하게 된다.

이렇게 새로운 세계관이 개인의 체험이 되어 단순히 실재를 새로 이해하는 게 아니라 실재를 인식하는 방식을 전환한다면, 우리의 세계관은 상상할 수 없을 정도로 변할 것이다. 500년 전 코페르니쿠스는 자신의 새로운 우주 모델이 미치는 전반적인 영향을 예측하지 못했다. 오늘날 젊은 세대가 의식(consciousness)이 주(主)이고 우리 모두 성스럽다는 걸 인식하며 자란다면, 세계가 어떻게 변할까?

> 바람, 조수(潮水) 그리고 중력을 이용한 후에,
> 언젠가 하느님과 하나 되기 위하여 사랑의 힘을
> 이용할 날이 올 것이다.
> 그날이 오면, 인류가 역사상 두 번째 불을
> 발견하는 날이 될 것이다.
> ―피에르 테야르 드 샤르댕

단언할 수 있는 한 가지는, 세계가 훨씬 더 친절하고 현명해질 거라는 점이다. 그리고 그런 세계에서는 성 프란체스코와 같은 동정(同情), 라마나 마하르시와 같은 통찰, 달라이 라마와 같은 지혜를 갖는 게 당연할 것이다. 많은 망상이나 두려움과 판단으로부터 벗어나면, 부질없는 고통과 번뇌가 사라질 것이다. 내면의 행복이 사회진보의 참된 측정치가 될 것이다.

  오늘날의 기준에 비추어 보면, 이런 사회가 지상낙원처럼 들릴지 모르지만, 그것은 영적 가르침에서 언제나 예언한 게 아닐까? 우리가 사고의 오류를 깨닫고, 집착을 버리고, 제한된 자아감을 초월하며, 존재의 참된 본성을 발견할 때, 어둠이 사라지고 빛이 찾아올 것이다. 그때 우리는 우리가 추구해온 구원을 받을 것이고 우리의 마음은 평화로워질 것이다.

:: 옮긴이의 말

그동안 나는 뇌 기능을 기반으로 교육에 접근하는 뇌 기반 교육을 연구해왔다. 그러던 중 의식이라는 주제에 관심을 갖게 되었다. 그러나 뇌 관련 연구를 아무리 뒤져봐도 의식에 대해서는 언제나 애매모호할 뿐이었다. 그러던 중 피터 러셀의 『과학에서 신으로*From Science to God*』를 접하게 되었다. 이 책은 내가 지금까지 접한 뇌 관련 연구들과는 완전히 다른 관점에서 의식에 접근하고 있었다. 이런 접근은 분석 일변도의 접근에 익숙해 있던 나에게 아주 신선한 충격이었다.

먼저 의식에 대한 개념부터 우리가 흔히 사용하던 방식과는 달랐다. 피터 러셀에게 있어서 의식은 '의식능력(faculty of consciousness)'을 일컬으며, 의식능력이란 내면적 경험을 하는 능력이다. 그런가하면 감각, 지각, 꿈, 기억, 사고, 감정과 같은 것들은 의식의 특성과 차원인 '의식의 형태'에 불과하다. 사실, 이런 개념 정의가 많은 사람들에게는 낯설 뿐이다.

　이해를 돕기 위해 피터 러셀은 의식능력을 영화 영사기의 빛에 비유하여 설명한다. 영사기는 스크린에 빛을 비추어 어떤 상(像)이든 만들어낼 수 있다. 여기에서 빛은 의식능력이고 상은 의식의 형태이다. 박테리아 같은 초창기 생명체의 경험은 스크린에 비친 흐릿한 빛과 같다. 따라서 그들에게도 의식능력은 존재한다. 단지 의식의 형태가 희미할 뿐이다. 결국 피터 러셀의 관점에서 볼 때, 오랫동안 의식의 근원으로 지목되어온 신경계는 의식을 '형성'하는 게 아니라 의식을 '확대'하여 경험의 양과 질을 향상시킬 뿐이다.

　물리학, 칸트철학, 동양철학, 명상 등에 해박한 피터 러셀은 체계적이고 총체적으로 의식에 접근함으로써 의식이 과학과 영혼의 연결고리임을 제안한다. 이를 위해서는 피터 러셀이 지적하고 있는 것처럼, 패러다임의 기저를 이루는 메타패러다임의 전환이 필수적으로 요구된다.

　과학과 영혼의 연결고리를 모색하는 이 책 한 권으로, 의식에 대한 모든 궁금증이 해결되고 삶에 대한 답이 주어질 것이라 기대하지는 않는다. 그러나 그동안 많은 사람들의 호기심을 자아냈던 과학, 의식, 신이라는 난제들을 이 작은 책에 녹여 이해하기 쉽게 설명한 건 피터 러셀의 탁월함 덕분이다. 그것은 아마도 이 책이 단순한 지식의 표현이 아니라 체험의 결과이기 때문일 것이다.

의식에 대한 호기심과 나의 의식진화를 위한 바람에서 착수한 이 번역작업으로, 내 전공분야인 '교육심리'에 대해 깊이 고민해볼 수 있는 좋은 계기가 되었다. 사실 이 책의 내용은 최근 제4심리학으로 등장하고 있는 초월심리학의 범주에 속하는 것으로, 일반인은 물론이고 교육심리학자나 교사들의 호기심을 자아낼 만하다. 책 속에 간간이 등장하는 인용구들도 또 다른 재미와 의미를 안겨준다.

끝으로, 물리학과 의식에 무지한 역자로 인해 저자의 의도가 조금이라도 훼손되지는 않았나 하는 조바심이 앞선다. 아무쪼록 힘들고 지친 현대인들에게 이 책이 의식을 이해하고 참 자아를 발견하며 내면의 평화를 찾아가는 작은 디딤돌이 되기를 바란다.

:: 찾아보기

ㄱ

갈릴레이, 갈릴레오 35
『두 가지 주요 우주체계에 관한 대화』 35
감각상 63
고전상대성 80
구루 97

ㄴ

내면세계 25, 29
내면의 빛 95
뉴턴, 아이작 36

ㄷ

다신론 142~143
데카르트, 르네 39

ㄹ

로크, 존 56

ㅁ

마야 61~62, 72
마음의 상 55, 57
마이컬슨-몰리의 실험 79
마하리시 마헤시 96~100
『존재의 과학과 삶의 기술』 96
맥스웰, 제임스 클라크 81
메타패러다임 37~38, 122
명상 95
무신론 144~146
『무지의 구름』 93
물리적 실재 66~67
물자체 55
물질주의적 사고방식 121

ㅂ

반향정위능력 68
버클리, 비숍 56
범신론 146~148
범재신론자 148

본질적 자아 107~108
본체 55
부처 31
브라헤, 튀코 36
빛 77~80, 110~111
빛의 양자 85~86

ㅅ
사랑 126~128
삼매(三昧) 101~102
상대성이론 77~78
수피 94
스와미 묵타난다 71
시간과 공간의 상대성 82~83
시공연속체 88
신 코페르니쿠스 혁명 69
실재의 결함 60

ㅇ
아인슈타인, 알베르트 22, 126, 139
아페시스 123
양자역학 77
양자이론 65
에크하르트, 마이스터 115
영성 10
영적 빈곤 150

영적 수행 95
영적 패러다임 141
요기(Yogi) 96
우파니샤드 93
의식 24, 45, 162
~능력 45~46, 55
~의 본질 153
~의 역설 39
~의 진화 50~52
『이샤 우파니샤드』 102
일신론 143~144

ㅈ
정어(正語) 130
주전원 32
지각 55
지구중심 세계관 37
진화사의 최종시험 155

ㅊ
초월명상 97

ㅋ
칸트, 이마누엘 56
케플러, 요하네스 36
코페르니쿠스, 니콜라우스 16, 33~34

『천구의 회전에 대하여』 34
쿤, 토머스 30
『과학혁명의 구조』 31

ㅌ

태양중심 세계관 37
특수상대성이론 79
『티베트 대해탈의 서』 93~94

ㅍ

패러다임 전환 30
포유동물의 뇌 51
프톨레마이오스 32
피타고라스 23~24

ㅎ

호킹, 스티븐 21
화이트헤드, 앨프리드 노스 7
황금률 130

피터 러셀 Peter Russell

정신과학연구소Institute of Noetic Sciences 교수.
피터 러셀은 영국의 케임브리지 대학교에서 이론물리학과 실험심리학으로 우등학위를 받았으며, 컴퓨터과학으로 석사학위를 받았다. 의식의 본질에 대한 관심으로 동양 철학을 깊이 연구했으며 인도로 떠나 초월명상을 직접 체험하기도 했다. 이후 브리스틀 대학교 스트레스 실험실에서 명상에 대한 신경생리학 연구를 통해 명상의 과학적 효과를 입증하는 연구를 진행했다. 피터 러셀은 인간 잠재력 세미나를 기업 분야에 최초로 도입한 사람 가운데 한 명으로, 20여 년 동안 IBM을 비롯한 주요 기업들을 대상으로 창의력, 학습 방법, 스트레스 관리에 대한 강의를 해왔다. 저서『지구적인 뇌가 깨어나다 The Global Brain Awakens』『적기의 깨어남 Waking Up in Time』『의식혁명 The Consciousness Revolution』『창의적인 관리자 The Creative Manager』『인간의 뇌 The Brain Book』등이 있으며, 인도철학의 초석인『우파니샤드 The Upanishads』를 번역하기도 했다.

* 피터 러셀의 홈페이지 www.peterussell.com

옮긴이 김유미

서울대학교를 졸업하고 중앙대학교 대학원 교육학과에서 교육 심리를 전공하여 교육학 박사학위를 받았다. 현재 서울교육대학교 초등교육과 교수로 재직 중이다. 저서로는『두뇌를 알고 가르치자』『뇌를 통해 본 아동의 정서』가 있고, 역서로는『위대한 뇌』『영혼의 하드웨어인 뇌 치유하기』『유아의 두뇌 발달』(공역)『자연 몰입』『위너 브레인』등이 있다.

과학에서 신으로

1판 1쇄	2007년 12월 28일
1판 5쇄	2023년 10월 10일
지은이	피터 러셀
옮긴이	김유미
펴낸이	김정순
책임편집	오동규 한아름
펴낸곳	(주)북하우스 퍼블리셔스
출판등록	1997년 9월 23일 제406-2003-055호
주소	04043 서울시 마포구 양화로 12길 16-9(서교동 북앤빌딩)
전자우편	henamu@hotmail.com
전화번호	02-3144-3123
팩스	02-3144-3121

ISBN 978-89-5605-213-7 03400